叶舟
著

在输得起的年纪，
遇见不服输的自己

江西人民出版社

图书在版编目（CIP）数据

在输得起的年纪，遇见不服输的自己 / 叶舟著. --
南昌：江西人民出版社，2017.9
ISBN 978-7-210-09520-0

Ⅰ．①在… Ⅱ．①叶… Ⅲ．①成功心理－通俗读物
Ⅳ．①B848.4-49

中国版本图书馆CIP数据核字（2017）第143632号

在输得起的年纪，遇见不服输的自己

叶舟 / 著

责任编辑 / 冯雪松
出版发行 / 江西人民出版社
印刷 / 北京柯蓝博泰印务有限公司
版次 / 2017年9月第1版
2019年5月第3次印刷
880毫米×1280毫米　1/32　7印张
字数 / 140千字
ISBN 978-7-210-09520-0
定价 / 26.80元
赣版权登字－01－2017－500
版权所有　侵权必究

如有质量问题，请寄回印厂调换。联系电话：010-64926437

前言

在一个梦想和励志风潮盛行的年代，追求成功成了时代的旋律。

跨过了青涩懵懂的门槛，迈入了意气风发、热情澎湃、充满理想的青春时代。未来向你展开了一幅绚丽的图景，不甘平庸的你，渴望像所有成功人士一样，扬帆启航，驶向梦想的彼岸。理想丰满，现实残酷。梦想和现实总有差距，人生征途上充满了挫折和坎坷。面对人生中的逆境，有的人犹豫了，畏惧了，放弃了，成为人生战场上的输家。

当你畏惧失败时，就开始认输了。许多人失败了，不是输给了现实，而是输给了自己。

在人生的征途上，从起点到终点，迎接我们的既有鲜花和阳光，也有荆棘和阴霾。如果我们因为害怕挫折、害怕失败而放弃奋斗，那么永远也不可能成功。当荆棘和阴霾向我们涌来时，我们唯有与命运进行不懈的抗争，才有希望看见胜利女神高擎着的橄榄枝。

作为年轻人，即使你没有资本、没有背景、没有平台、没有阅历、没有经验，但你有时间、有热血、有头脑、有激情、有干劲，你的人生有无限可能。只要你不服输，百折不挠，不停地奋斗，你就有成功的希望，就有胜出的可能。一旦你认输了，后退了，那么成功就永远不会与你同行，你不仅输掉了自己，也输掉了人生。

成与败，输与赢，关键在于我们是选择坚持还是选择放弃。对于永不放弃、永不言败的人来说，逆境让他们变得更加坚强，激发出自身更大的潜力，逆境带给他们的是一生珍贵的财富；对于轻言放弃、轻易认输的人而言，逆境犹如一剂毒药，让他们在重重阻碍下最终放弃努力，一败涂地。

轻易认输的人，不会在人生的路上走得太远。路，总是给不服输的人铺设的。被无数年轻人奉为人生偶像的刘德华，刚出道时也曾遭受人们的冷嘲热讽，经历了事业的迷茫和低潮期。然而他没有打退堂鼓，追随心中的梦想，在演艺圈不懈地打拼到今天，摘取了无数奖项。正是凭着一股不服输的精神，刘德华登上了事业的顶峰。他的奋斗与执着精神，被人们称为"刘德华精神"，激励着无数年轻人在人生路上前行。

如何实现心中的梦想、赢得成功？新东方创始人俞敏洪道一语出真谛："每个人都曾有过梦想，但最终实现者凤毛麟角。在走向梦想的征途中，命运之神总是眷顾那些坚持到最后的人。"成功没有你想象的那么难，只要你有不服输的胆魄，有坚持到底的勇气，就一定能闯出一片属于自己的天地，赢得属于自己的万里晴空。

"曾经多少次跌倒在路上，曾经多少次折断过翅膀，如今我已不再感到彷徨。我想超越这平凡的生活，我想要怒放的生命。"一曲《怒放的生命》唱响了所有人的心声，唤醒了沉睡已久的激情，所有的努力、进取和信念再一次拨动了人们的心弦。

这是超越挫折的力量。

不服输的人，就不会输人生。不服输的人，才是人生的真正赢家。

不服输，激发最强的生命能量。不服输，让不可能成为可能。

在输得起的年龄，做一个不服输的自己。不服输，一切皆有可能。

目 录

Part1　怕，你这辈子就输了

什么都怕，什么都干不成 / 002

怕，有什么可怕的 / 005

你不过是被自己吓倒的 / 007

直面恐惧是战胜恐惧的第一步 / 009

赶跑心中的"胆小鬼" / 011

不畏不惧，人生就不会输 / 013

做懦夫，做勇者，由自己决定 / 016

勇者无畏，感谢自己够勇敢 / 018

战胜自己就能战胜世界 / 021

你若勇敢，世界会为你让路 / 024

成功不像你想象的那么难 / 026

突破自己：跨一步，就成功 / 028

Part2　奋斗要趁早，年轻就是敢折腾

三分天注定，七分靠打拼 / 032

相信命运不如相信奋斗 / 034

宁可在尝试中失败，不在保守中成功 / 036

哪怕一无所有，也要勇往直前 / 039

奋斗要趁早，莫辜负青春好年华 / 041

二十几岁的规划决定你的一生 / 044

梦想有多远，就能走多远 / 047

敢闯敢拼，闯出人生一片天 / 049

吃苦的年龄不要选择安逸 / 051

没成功？只是缺少一点野心 / 054

爱拼才会赢，做时代的弄潮儿 / 057

Part3　人生最大的谎言就是"我不行"

人生最强大的对手是自己 / 060

"不能"是自己强加的 / 063

没自信的人，已输了一半 / 065

自我设限会扼杀你的梦想 / 067

没有人看不起你，除了你自己 / 069

别给自己贴上"小人物"的标签 / 071

理直气壮地告诉世界：我能行 / 073

永远相信自己，从不轻言失败 / 075

为自己颁奖，为自己喝彩 / 077

心中无敌，才能无敌于天下 / 080

Part4　唤醒心中的巨人，你远比想象中强大

你的能量超出你的想象 / 086

挖掘潜能，激发生命正能量 / 088

唤醒心中沉睡的巨人 / 090

意识不输场，人生不输阵 / 092

自我暗示：生来就是一个赢家 / 095

自我激励的8项法则 / 098

做一只搏击苍穹的雄鹰 / 101

在艰难的世界全力以赴 / 103

兴趣是成功的加速器 / 105

进取心推动你从弱者变强者 / 107

Part5　永远不要找他人要安全感

你的人生没有那么多观众 / 110

永远不要期望别人给你安全感 / 112

要引领潮流，而不是追随潮流 / 114

茫然时倾听自己的心声 / 117

不必讨好他人，只需做你自己 / 119

坚信自己是世界上独一无二的 / 121

有棱角才不会被压扁 / 123

不可有傲气，但不可无傲骨 / 125

走自己的路，让别人去说吧 / 127

以自己喜欢的方式过一生 / 129

Part6　如果不经受折磨，成功就不会破茧而出

人生低潮时历练心智 / 132

在挫折这所大学中锤炼 / 134

经受命运的暴风雨洗礼 / 137

感恩是强者歌唱生命的方式 / 139

在打压中将自己磨砺成刀枪不入 / 142

以对手为师，再战胜对手 / 144

你的遍体鳞伤，使你一身灿烂 / 146

每一次伤痛，都是一次成长 / 149

在失败中成长、成熟、成功 / 151

Part7　有些黑夜，你只能自己穿越

凭自己的力量前行 / 154

不屈服命运，靠自己站起来 / 157

在沙漠中寻找心中的星星 / 159

茫茫暗夜，自己就是光明使者 / 161

信念如炬，照亮漫漫人生 / 164

心若向阳，无畏悲伤 / 166

扛住了，世界就是你的 / 169

人生没有过不去的坎 / 171

坚信不幸只是生命的过客 / 173

心不绝望，人生就会有希望 / 176

路的尽头是锦绣花园 / 179

Part8　在输得起的年纪，遇见不服输的自己

任何时候都不放弃自己 / 184

成功属于永不放弃者 / 186

除非你放弃，否则你不会被打垮 / 189

绝不、绝不、绝不放弃 / 191

永远不屈服于脆弱的意志 / 194

坚持下来的，终会是赢家 / 196

再坚持一下，成功就在你的脚下 / 198

坚持到山穷水尽，迎来柳暗花明 / 200

失败了，不怕从头再来 / 203

路，是给不服输的人准备的 / 206

梦想的路踏上了，跪着也要走完 / 209

Part1
怕，你这辈子就输了

怕，让你胆怯懦弱，让你畏缩不前，让你自甘沉沦，让你自暴自弃。怕，这辈子就输了。

尼采说："从失败的恐惧中解脱出来——现在我终于输得起了。"这种输得起是指一开始就把失败考虑进去，并准备好承受一切挫折，它是人性成熟的标志。不怕输，你就不会输。

>>> 什么都怕，什么都干不成

生活在现代社会，我们必须摒弃害怕受伤、怯懦畏惧的心理，端正心态，以一颗健康有力的心尝试生活，明天才会有更好的开始。

懦弱的人害怕有压力的状态，因而他们也害怕竞争。在对手或困难面前，他们往往不善于坚持，而选择回避或屈服。懦弱者对于自尊并不忽视，但他们常常更愿意用屈辱来换回安宁。

懦弱者常常害怕机遇，因为他们不习惯迎接挑战。他们从机遇中看到的是忧患，而在真正的忧患中，他们又看不到机遇。

懦弱者不善冲突，因而他们也害怕刀剑，进攻与防卫的武器在他们的手里捍卫不了自身。他们当不了凶猛的虎狼，只愿做柔顺的羔羊，而且往往是任人宰割的羔羊。

懦弱总是会遭人嘲笑，而遭到嘲笑，懦弱者会变得更加懦弱。

懦弱者经常自怜自卑，他们心中没有生活的高贵之处。宏图大志是他们眼中的浮云，可望而不可及。

懦弱通常是恐惧的伴侣，恐惧加强懦弱。它们都束缚了人的心灵和手脚。

懦弱常常会品尝到悲剧的滋味。

人生就是要搏。什么都怕，那就什么都干不成。没有一颗勇敢的心，就不要妄谈成功。

其实，没有人能够完全摆脱怯懦和畏惧，最幸运的人有时也不免有懦弱胆小、畏缩不前的心理状态。但如果使它成为一种习惯，它就会成为情绪上的一种疾病，它使人过于谨慎、小心翼翼、多虑、犹豫不决，在心中还没有确定目标之时，已含有恐惧的意味，在稍有挫折时便退缩不前，因而影响自我设计目标的完成。

一个人如果总是畏惧这畏惧那，结果是什么事也做不成。正如采珠的人如果被鳄鱼吓住，怎能得到名贵的珍珠？事实上，总是担惊受怕的人，他就不是一个自由的人，就永远不能走出心中的恐惧阴影。

世上没有任何绝对的事情，懦夫并不注定永远懦弱，只要他鼓起勇气，大胆向困难和逆境宣战，并付诸行动，便开始成为勇士。正像鲁迅所说："愿中国青年都摆脱冷气，只是向上走，不必听自暴自弃者说的话。能做事的做事，能发声的发声，有一分热发一分光，就像萤火一般，也可以在黑暗里发一点光，不必等待炬火。"

人生在世，最可恨的就是胆小窝囊地过一辈子，上天既然让我们降生于世，我们就应当承担起我们作为人的责任和义务，书写好那一个大大的"人"字。

年轻人应该有做事的勇气，哪怕遭别人冷眼，会碰壁，这些都是必须经历的一个过程。成功不容易，主要在于一些人缺乏足够的勇气和毅力。

>>> 怕，有什么可怕的

有人问英国戏剧大师萧伯纳："为什么你讲话那么有吸引力？"萧伯纳答道："试出来的，就像学滑冰一样，开始时，笨头笨脑，像个大傻瓜，后来试的次数多了，就熟练了。"萧伯纳年轻时，胆子很小，不敢大声讲话，更不敢在公开场合发言，每当要敲别人的门时，至少要在门外徘徊20分钟，才硬着头皮去冒那个险。他说："很少有人像我那样深受害羞和胆怯之苦。"后来，他下决心要变弱为强，于是，他参加了辩论协会，出席伦敦的各种公开讨论会，逮住机会就发言，终于跨越了自己的无形障碍，成为20世纪最有自信和最杰出的讲演者之一。

很多时候，成功就像攀爬铁索，失败的原因不是智商的低下，也不是力量的单薄，而是慑于自己的无形障碍，被铁索周围的外在现象吓破了胆。如果我们敢于做自己害怕的事，害怕就将必然消失。

麦克·英泰尔是一个平凡的上班族，37岁那年他做了一个大胆的决定：放弃薪水优厚的记者工作，只带了干净的衣服，由阳光明媚的加州，靠搭便车横越美国。

他的目的地是美国东海岸北卡罗莱纳州的恐怖角——这只是他精神快崩溃时做的一个仓促决定。某个午后他忽然哭了，因为他问了自己一个问题：如果有人通知我今天死期到了，我会后悔吗？答案竟是那么的肯定。虽然他有好工作，有漂亮的女友，但他发现自己这辈子从来没有下过什么赌注，平顺的人生从没有高峰或谷底。

他为自己懦弱的上半生而痛哭。一念之间，他选择了北卡罗莱纳的恐怖角作为最终目的，借以象征他征服生命中所有恐惧的决心。

最后，麦克·英泰尔成为美国媒体中传颂的知名人物。

克服恐惧看起来非常困难，但改变却在一念之间。其实，生活中有很多恐惧和担心完全是我们想象出来的，想要驱除它必须在潜意识里彻底根除。

一个人遇上害怕的事，只要勇敢地向自己挑战，就会觉得你所害怕的远没有你原先想象的那么可怕。每当你发现自己总是在回避你害怕做的事时，你还可以问问自己："如果我真的去试一试这些自己害怕做的事，最坏的结果会是怎样？"最坏的结果，决不会比你想象的更可怕。

>>> 你不过是被自己吓倒的

弗洛姆是美国一位著名的心理学家。一天，几个学生向他请教：心态对一个人会产生什么样的影响？

他微微一笑，什么也不说，就把他们带到一间黑暗的房子里。在他的引导下，学生们很快就穿过了这间伸手不见五指的神秘房间。接着弗洛姆打开房间里的一盏灯，在这昏黄如烛的灯光下，学生们才看清楚房间的布置，不禁吓出了一身冷汗。原来，这间房子的地面就是一个很深很大的水池，池子里蠕动着各种毒蛇，包括一条大蟒蛇和三条眼镜蛇，有好几条毒蛇正高高地昂着头，朝他们"滋滋"地吐着信子。就在蛇池的上方，搭着一座很窄的木桥，他们刚才就是从这座木桥上走过来的。

弗洛姆看着他们，问："现在，你们还愿意再次走过这座桥吗？"大家你看看我，我看看你，都不作声。

过了片刻，终于有3位学生犹犹豫豫地站了出来。其中一个学生一上桥，就异常小心地挪动着双脚，速度比第一次慢了好多倍；另一个学生战战兢兢地踩在小木桥上，身子不由自主地颤抖着，才走到一半，就挺不住了；第三个学生干脆弯下身来，慢慢地趴在小桥上爬了过去。

"啪",弗洛姆又打开了房内另外几盏灯,强烈的灯光一下子把整个房间照耀得如同白昼。学生们揉揉眼睛再仔细看,才发现在小木桥的下方装着一道安全网,只是因为网线的颜色暗淡,他们刚才没有看出来。弗洛姆大声地问:"你们当中还有谁愿意现在就通过这座小桥?"

学生们没有做声,"你们为什么不愿意呢?"弗洛姆问道。"这张安全网的质量可靠吗?"学生心有余悸地反问。

弗洛姆笑了:"我可以解答你们的疑问了,这座桥本来不难走,可是桥下的毒蛇对你们造成了心理威慑,于是,你们就失去了平静的心态,乱了方寸,慌了手脚,表现出各种程度的胆怯——心态对行为当然是有影响的。"

其实人生又何尝不是如此呢?在面对各种挑战时,也许失败的原因不是因为势单力薄,不是因为智能低下,也不是没有把整个局势分析透彻,反而是把困难看得太清楚,分析得太透彻,考虑得太详尽,才会被困难吓倒,举步维艰。倒是那些没把困难完全看清楚的人,更能够勇往直前。

如果我们在通过心灵的独木桥时,能够忘记背景,忽略险恶,专心走好自己脚下的路,也许我们就能轻松愉快地快步到达目的地。

>>> 直面恐惧是战胜恐惧的第一步

恐惧是正常的，没有恐惧则是不正常的，不合逻辑的恐惧则是病。亚历山大·波列耶夫认为恐惧是人的一种很正常的感觉，是一种警告危险和提早防备的信号。比如说，我们往悬崖下瞅时总是心惊胆战。要是没有这些恐惧症，人类早就灭绝了。人类大脑底部有一个杏仁体的脑结构，这是个专管恐惧感和不信任感的区域，人称为大脑中的恐惧中枢。每一次只要感到危险逼近，这个区域便活跃起来，而且想制止也制止不住。

如果这种感觉不再受到约束，那一般的害怕就被赋予一种非理性的、不合逻辑的东西。比如说，害怕游行队伍中带有敌意的人群，这合乎逻辑。

正常的恐惧心理可以训练我们应对真正的威胁。这点从野生动物的例子也可看出。马里兰州贝色斯达国立卫生研究所的研究员史渥米说："不知天高地厚的小猴子看到蛇，目不转睛地跟它相互瞪眼，通常都活不长；如果母猴教得好，凡事小心谨慎的小猴子，反而不容易早死。"

哈佛大学心理系主任卡林说："养成凡事稍微害怕的心理，

有个重要的作用：教我们明白四周环境里，有些东西必须十分注意、十分小心，这本领是可以训练的。"

密西根大学的中古史专家米勒出了一本书——《神秘的勇气》，书中从历史观点阐述了畏惧心理，指出，勇气其实是害怕的幻影，只不过被荣耀化了。

米勒研究了许多英勇武士的背景，结论是：刚猛不是正面的特性，而是负面的特性，缺乏自省能力的人才具备这种特性。他认为，大部分人都不是刚猛之士，也就是不勇敢、心存畏惧的普通人，只愿面对少许的可怕状况，而不愿不顾一切地豁出去。

面对的可怕状况不致造成生命危险的话，我们反而认为具有娱乐效果呢！大多数我们喜欢的娱乐，不就是有一点点危险吗？

谁的内心没点恐惧感？直面恐惧是战胜恐惧的第一步。正视隐藏于我们内心深处的恐惧，有助于消除恐惧的影响，重获内心的平静与和谐的人生。

>>> 赶跑心中的"胆小鬼"

恐惧是一种普遍存在的消极心理，它到处压迫着人们，只要是凡人，谁能无惧？最伟大、最勇敢的英雄也会诚实地告诉你，当他们在做那些英勇事迹时，他们的心里其实和你我一样害怕，区别只在他们能克服恐惧，拒绝投降的召唤。

恐惧能摧残人的创造精神，足以杀灭个性而使人的精神机能趋于衰弱。大事业不是在恐惧的心情下可做成的，一旦心怀恐惧的心理、不祥的预感，做什么事都不可能有效率。恐惧代表着、指示着人的自卑与胆怯。这个恶魔，从古以今，都是人类最可怕的敌人，是人类文明事业的破坏者。

对于恐惧，爱默生说得好："他们征服那些认为他们有足够力量征服的人。"

如果你以积极心态发挥你的思想，并且相信成功是你的权利的话，你的信心就会使你成就所有你所制定的明确目标。但是如果你接受了消极心态，并且满脑子想的都是恐惧和挫折的话，那么你所得到的也都只是恐惧和失败而已。

恐惧多半是心理作用，但是它确实存在，并且是发挥潜能的头号敌人。行动可以治愈恐惧、犹豫，拖延则只会助长恐惧。

当你感到恐惧的时候，朋友们常会善意地对你说："不要担心，那只是你的幻想，没有什么可怕的。"这种安慰可能会暂时解除你的恐惧，但并不能真正地帮你建立信心，消除恐惧。

恐惧是信心的敌人。恐惧会阻止人利用机会；恐惧会耗损精力、破坏身体器官的功能，抑制潜能，恐惧使人游移不定、缺乏信心，恐惧确实是一股强大的力量，它会用各种方式阻止人们从生命中获得他们想要的事物。

生命犹如无限丰富而又深不可测的大海，你生活在这大海之中，你的潜意识对你的想法极为敏感。如果你能够应用你心智的定律，以平和代替痛苦，以信心代替畏惧，以成功代替失败，当然就再没有任何比这更美好的结果了。

千万不要让恐惧占据心灵！人的心态非常微妙，要是时常保持乐观，就会觉得无论做什么事都很顺当；反之，要是总以悲观的心境看待所有的事，任你怎么做总有碍手碍脚的感觉。

当你面对恐惧，挺身面对，害怕自然缩小不见，但是你逃避的话，它会不断增长，直到完全控制你的生活。

>>> 不畏不惧，人生就不会输

对我们的大脑来说，一般存有两股力量，一股力量使我们觉得自己天生是做伟人的；另一股力量却时时提醒我们："你办不到！"这样一对矛盾的内部力量的斗争，在我们遇到困境与失败时，会变得更加激烈。

我们每个人最大的敌人是自疑和害怕失败。它们经常扯我们的后腿，不让我们去尝试，或在失败后给我们以打击；它们吸取我们的能量，使得我们只能使用真正的能力的一小部分。

华盛顿·欧文说："消极思考的人会因为生活的不幸而变得胆小和畏怯，而积极思考的人则只会因此而振作起来。"人，一旦降临这个世界，便陷入动荡不安的境遇之中，悲哀、愤怒、忧虑、愧疚和烦恼可能会不间断地困扰着每个人，给人们的精神套上沉重的枷锁。

面对现实的挑战，你能抵御消极情绪的袭击吗？你能征服烦恼吗？你能够主宰自己吗？

回答是肯定的。只要你相信：我有勇气能够征服一切。

农产品推销员辛巴克以不同品种的玉米做实验，设法制造出一种松脆的爆玉米花。他终于培育出了理想的品种，可是没有人肯买，因为成本较高。

"我知道只要人们一尝到这种爆米花，就一定会买。"他对合伙人说。

"如果你有这么大的把握，为什么不自己去销售？"合伙人回答道。

万一辛巴克失败了，他可能会损失很多钱。在他这个年龄，他真想冒这个险吗？他雇用了一家营销公司，为他的爆米花设计名字和形象。不久，辛巴克就在全美国各地销售他的"美食爆玉米花"了。今天，它已经成为世界最畅销的爆米花，这完全是他甘愿冒险的成果，他拿了自己所有的一切去做赌注，换取他想要的东西。

"我想，我之所以干劲十足，主要是因为有人说我注定会失败，"辛巴克克平静地说，"那反而使我决心要证明他们错了。因为，我相信我会成功。"

辛巴克正是抱着无所畏惧的精神，终于从困境中挣扎着奋斗过来了。

我们生活在竞争如此激烈的社会中，每个人都想要功成名就、出人头地。但是，多少成功和失败的经验教训证明，在通向人生巅峰的道路上，要战胜的不是别人，而是自己。那个经常使我们受伤的强大敌人，深深地隐藏在我们自己的心中！

在不断的奋斗与拼搏中，只有培养第一流的心理素质，培养一往无前的勇气，才能战胜灵魂深处所有的恐惧，让自己始终立于不败之地。

最大的失败莫过于害怕失败。如果我们能战胜这一担忧，那么必将为我们带来梦寐以求的成功。

>>> 做懦夫，做勇者，由自己决定

美国最伟大的推销员弗兰克说："如果你是懦夫，那你就是自己最大的敌人；如果你是勇士，那你就是自己最好的朋友。"

对于胆怯而又犹豫不决的人来说，一切都是不可能的，他总是会被各种各样的恐惧、忧虑包围着，看不到前面的路，更看不到前方的风景。正如法国著名的文学家蒙田说："谁害怕受苦，谁就已经因为害怕而在受苦了。"

美国的克里蒙·斯通在童年时代是个穷人的孩子，他与母亲两人相依为命。小斯通十多岁时，为保险公司推销保险是母子俩的职业。斯通始终清醒地记得他第一次推销保险时的情形——他的母亲指导他去一栋大楼，从头到尾向他交代了个遍。但是他犯怵了。

他站在那栋大楼外的人行道上，一面发抖，一面默默念着自己信奉的座右铭："如果你做了，没有损失，还可能有大收获，那就下手去做。""马上就做！"

于是他做了。他走进大楼，他很害怕会被踢出来。但他没有被踢出来，每一间办公室，他都去了。他脑海里一直想着那句

话："马上就做！"走出一间办公室，更担心到下一间会碰钉子。不过，他还是毫不犹豫地强迫自己走进下一间办公室。

这次推销成功，他找到了一个秘诀，那就是：立刻冲进下一间办公室，这样才没有时间感到害怕而犹豫。

那天，只有两个人向他买了保险。以推销数量来说，他是失败的，但在了解自己和推销术方面，他的收获是不小的。第二天，他卖出了4份保险。第三天，6份。他的事业开始了。

没有人能够完全摆脱怯懦和畏惧，最幸运的人有时也不免有懦弱胆小、畏惧不前的心理状态。但如果使它成为一种习惯，它就会成为情绪上的一种疾病，它使人过于谨慎、小心翼翼、多虑、犹豫不决，在心中还没有确定目标之时，已含有恐惧的意味，在稍有挫折时便退缩不前，因而影响自我设计目标的完成。

勇敢地面对挑战，像战士一样勇敢地面对工作中的一切艰难险阻，才是每一个年轻人应该具有的本色。

勇气，是劈开逆境的巨斧。勇气，是通往成功的第一座桥梁。

>>> 勇者无畏,感谢自己够勇敢

把自己视为一个勇敢者的成功形象,有助于打破自我怀疑、畏惧怯懦的习惯,这种习惯是消极的心态在某种性格下经过若干年后逐渐形成的。另一个原因同等重要,它能帮助你改变自己的世界。感觉勇敢起来,表现得好像很勇敢,以意志力来达到这个目标,勇气便可以取代恐惧。

伊尔文·本·库柏是美国最受尊重的法官之一。但这个形象和库柏年幼时的形象是大相径庭的。库柏在密苏里州圣约瑟夫城一个准贫民窟里长大,他的父亲是一位移民,以裁缝为生,收入微薄。为了家里取暖,库柏常常提着一个煤桶,到附近的铁路边拾煤核。库柏为必须这样做而感到困窘,他常常从后街溜出溜进,以免被上学的孩子们看见。

但是,那些孩子时常看见他,有一伙孩子就常埋伏在库柏从铁路回家的路上,袭击他,以此取乐。他们常把他的煤撒遍街上,使他回家时一直流着眼泪。这时,库柏总是生活在恐惧和自卑中。

有一件事彻底打破了这种失败的生活方式。库柏因为读了一本书，内心受到了鼓舞，从而在生活中采取了积极的行动。这本书是荷拉修·阿尔杰著的《罗伯特的奋斗》。在这本书里，库柏读到了一位像他那样的少年的奋斗故事。那位少年遭遇了巨大的不幸，但他最终成了一位勇敢的人。库柏也希望具有这种勇气和力量。

库柏读了他所能借到的荷拉修著的书。当他读书的时候，他就进入了主人公角色。整个冬天他都坐在寒冷的厨房里阅读勇敢和成功的故事，不知不觉地形成了积极的心态。

在库柏读了荷拉修第一本书之后的几个月，他又到铁路边去拣拾煤核。在不远处，他看见三个人影在一间房子的后面飞奔，他最初的想法是转身逃跑，但很快他记起了他所钦羡的书中主人公的勇敢精神，于是他把煤桶握得更紧，一直向前大步走去，犹如他是荷拉修书中的一个英雄。

一场恶战发生了，三个男孩一起冲向库柏，库柏丢开铁桶，顽强地挥动双臂进行抵抗，这使三个恃强凌弱的孩子大吃一惊。库柏的右手猛击到一个孩子的嘴唇和鼻子上，左手猛击到这个孩子的胃部，这个孩子便转身溜跑了，这也使库柏大吃一惊。同时，另外两个孩子正在对他进行拳打脚踢，库柏设法推开了一个孩子，把另一个打倒，用膝部猛击他，而且发疯似地连击他的胃部和下颚。现在只剩下一个孩子了，他是领袖，他突然袭击库柏的头部，库柏设法站稳脚跟，被他拖到一边，这两个孩子站着，相互凝视了一会儿。突然，这个领袖一点一点地向后退，也溜跑了。库柏拾起煤，扔向那个退却者，这也许是表示正义的愤慨。

直到那时库柏才知道他的鼻子在流血，他的周身由于受到拳打脚踢，已变得青一块紫一块。这是值得的啊！在库柏的一生中，这一天是一个重大的日子，从此，他克服了恐惧。

库柏并不比一年前强壮多少，攻击他的人并不是不如以前那样强壮，区别仅仅在于库柏自身的心态。他已经无所恐惧，他决定不再听凭那些恃强凌弱者的摆布。从那时起，他要改变他的世界了。

这个孩子给自己设想了一种形象，当他在街上痛打那三个恃强凌弱者的时候，他并不是作为受惊骇的、营养不良的库柏在战斗，而是作为大胆而勇敢的英雄在战斗。

另外一个特别重要而又能够改变你世界的成功技巧是，把自己视为会激励自己做出正确决定的某一形象，比如，一条标语、一幅图画，或者任何对你有意义的象征。像库柏所做过的那样，让你比照一位成功者的形象，你选择谁呢？

只要你表现得好像勇气十足，你便会开始觉得勇敢起来；若这样持续得够久，佯装就变成了真实，在不知不觉中，成为真正不惧的勇者。

>>> 战胜自己就能战胜世界

加拿大有一位长跑教练,他规定队员每天必须从家跑到训练基地,但有一名队员总是姗姗来迟,让教练非常失望,甚至丧失继续栽培他的信心。然而有一天,这名队员比队友早到了20分钟。教练计算了他出发和到达的时间,惊异地发现其速度之快已接近世界纪录。原来,那名运动员刚跑出家门不远,就发现身后尾随着一只狼。惊恐的他只有拼命地跑,而狼却在后面穷追不舍,足足跑了10公里,他才把狼给甩掉了。

一流的成绩居然是让狼给逼出来的!此事给教练很大的震动,也带来了启发。之后,他决定用凶恶的狼犬来激发队员的潜能。他请来两个驯兽师,每次训练就把狼犬放出去,没过多长时间,队员们的成绩都大幅度提高,先后有好几位选手摘取世界大赛的桂冠。

成功最大的敌人是谁?不是差强人意的环境,不是虎视眈眈的对手,而是我们自己!是自己的胆小、怯懦,是害怕困难、害怕挫折的畏惧心理,是自己没有克服困难的信心与勇气!人一旦激发了勇气,就会创造出高于自己意料很多倍的成绩,可以战胜所有对手，可以傲视整个世界。

一个人有了战胜一切的勇气，就有了征服世界的本钱。

"推销之神"原一平是日本寿险业里的声名显赫的人物。但他身高只有153厘米，毫无气质与优势可言，他为何能创下日本保险业连续15年全国第一的业绩呢？为何能创下20年未被打破的世界寿险推销最高纪录呢？就是因为他很早就意识到最大的敌人不是别人，正是他自己。所以，原一平经常这样告诉自己：

"原一平是举世无双，独一无二的！"

"我不服输，永远不服输！"

"在没成功之前，都不能算是失败。"

"将失败忘掉，谨小慎微难以成大事。"

原一平正是凭着一股不服输的精神，跨过了销售中的所有坎坷，创造了别人不可企及的销售神话。

有一个叫罗迪的法国人，年轻的时候，他曾把1个月辛苦挣来的钱输在了赌桌上，正当他很颓丧地在街上溜达时，一个占卜的人叫住了他。

"反正我也没钱。"罗迪这样想着向那人走近，他想算一下他的将来。结果那人告诉他："你知不知道，你是拿破仑转世，你以后会经受很多挫折，但你是不会畏惧的，因为你知道挫折的前面是成功。"

拿破仑在法国是公众心目中的重磅偶像，罗迪觉得如果自己真是拿破仑转世，就应该会有一番大作为。于是他买来许多关于拿破仑的书籍，入迷地阅读拿破仑的传记。然后，他借了一些钱，开始创业了。

创业初期的困难不言而喻，但困难并没有让罗迪退缩，因为他相信占卜之人的话，说他以后会有很多挫折，只要不怕挫折，就有成功在等待着他。就这样，罗迪积极地努力做好每一件事情，在挫折面前百折不挠。若干年后，罗迪成为法国的知名企业家，他的资产排名在法国富翁的前几位。

很多年以后，罗迪很平淡地说："我相信那个占卜的人肯定是因为看到我当时的颓丧而想帮助我，但他的话激发了我的人生斗志，让我有勇气战胜颓废的自己，因此最终取得了成功。"

上述两个例子说明，人要有一种战胜自我的勇气，这才是最大的胆量，这才能创造出奇迹。

>>> 你若勇敢，世界会为你让路

你当然有为前途忧心的权利，但是千万别因为一时的害怕而停下了脚步，伫足不前只会让你错失良机。

害怕是一盏警灯，它会提醒你前有险阻，但这并不表示你不能安然度过。只要谨慎小心，一样可以克服难关。挫折险阻并不可怕，涉足险境而不自知，那才是最可怕的。

1944年，艾森豪威尔指挥的英美联军正准备横渡英吉利海峡，在法国诺曼底登陆，展开对德战争的另一个阶段。

这次的登陆事关重大，英国和美国合作无间，为这场战役投入了巨大的人力物力。然而人算不如天算，就在一切准备就绪、蓄势待发的时候，英吉利海峡却风云突变、巨浪翻天，数千艘船舰只好退回海湾，等待海面恢复平静。数十万名军人被困在岸上，进退两难。

正当艾森豪威尔总司令苦思对策时，气象专家送来最新的报告，资料中显示天气即将好转，狂风暴雨将在三个小时之后停止。艾森豪威尔明白这是千载难逢的好机会，可以攻敌人于不备，只是这当中也暗藏危机，万一气候不若预期中这么快好转，很可能就全军覆没了。

艾森豪威尔在经过慎重的考虑之后，在日志中写下："我决定在此时此地发动进攻，是根据所得到最好的情报做出的决定……如果事后有人谴责这次的行动或追究责任，那么一切责任应该由我一个人承担。"然后，他斩钉截铁地向陆、海、空三军下达了横渡英吉利海峡的命令。

艾森豪威尔受到幸运之神的眷顾，倾盆大雨果然在三个小时后停止，海上恢复一片风平浪静。英美联军终于顺利地登上诺曼底，掌握了这场战争得胜的关键。

在人生的道路上，我们必须有勇于行动，一心奔赴目标，具备不墨守成规的智慧和勇气，才会战胜困难，取得成功。

怯懦者总是不敢大胆地去做一些事情，逐渐形成低估自己的能力、夸大自己弱点的习惯，再没有信心去处理本来能够处理好的事情。

莎士比亚说："本来无望的事，大胆尝试，往往能成功。"大胆尝试常常会带给你更多的机会。许多人之所以怯懦，无非就是怕失败。但越怕就越不敢行动，越不敢行动就又越怕，一旦陷入这种恶性循环之中，怯懦不免就加深了。应该懂得，越是感到怯懦的事越要大胆去做。只有你大胆去做，才能战胜怯懦。

>>> 成功不像你想象的那么难

有位推销员因为常被客户拒之门外，慢慢患上了"敲门恐惧症"。他去请教一位大师，大师弄清他的恐惧原因后便说："你现在假设站在即将拜访的客户门外，然后我向你提几个问题。"

推销员说："请大师问吧！"

大师问："请问，你现在位于何处？"

推销员说："我正站在客户家门外。"

大师问："那么，你想到哪里去呢？"

推销员答："我想进入客户的家中。"

大师问："当你进入客户的家之后，你想想，最坏的情况会是怎样的？"

推销员答："大概是被客户赶出来。"

大师问："被赶出来后，你又会站在哪里呢？"

推销员答："就——还是站在客户家的门外啊！"

大师说："很好，那不就是你此刻所站的位置吗？最坏的结果不过是回到原处，又有什么好恐惧的呢？"

推销员听了大师的话，惊喜地发现，原来敲门根本不像他所想象的那么可怕。从这以后,当他来到客户家门口时,再也不害怕了。

他对自己说:"让我再试试,说不定还能获得成功;即使不成功也不要紧,我还能从中获得一次宝贵的经验。最坏的结果就是回到原处,但对我没有任何损失。"最后,这位推销员终于战胜了"敲门恐惧症"。由于克服了恐惧,他的推销业绩十分突出,被评为全行业的优秀推销员。

所以,我们不应该因为前面有困境和障碍就不敢前进,勇敢地前行,哪怕只迈出一步,说不定就会迎来改变命运的最佳时机。

怕了一辈子鬼的人,一辈子也没见过鬼,恐惧的原因是自己吓唬自己。世上没有什么事能真正让人恐惧,恐惧只不过是内心中的一种无形障碍罢了。不少人碰到棘手的问题时,习惯设想出许多莫须有的困难,这自然就产生了恐惧感。其实,遇事你只要大着胆子去干,就会发现事情并没有自己想象的那么困难。

>>> 突破自己：跨一步，就成功

你的卓越、成功和最大的骄傲，只能来自于一个人：你自己。

一艘远洋海轮不幸触礁，渐渐地沉入海底，几名海员拼命爬上一座孤岛，总算幸免于难，但最终命运如何还是未知数。因为岛屿只有石头，没有任何充饥之物，而且正值烈日炎炎，饥肠还能忍受，口渴就很难耐了。

看看孤岛，再看看周围，尽管周围全是水，但都是无法饮用的咸涩的海水。现在的希望只能等待雨水或者过往船只来救他们。

于是他们只有等待，但又久逢干旱，没有下雨的迹象，茫茫大海，根本看不见过往船只。这样，一天过去了，两天过去了……到了第六天，还没有。船员们的生命到了极限，死亡向他们走近，一个死了，两个死了……就剩最后一个船员了。他在挣扎着，他也听到死亡的脚步声了，他还有意识存在，他想我不能死啊，于是扑进海里大口大口喝了一肚子海水。出乎他意料的是：海水一点也不咸，相反还有点甘甜呢，难道是临近死亡自己的味觉已经失灵，他也不去想了，在这等待命运的定夺吧。

过了一会儿，他越发清醒了，感觉死神离他远去了。他自己也很奇怪。但总算能活着，他就每天去海里喝水维持着生命。终于有过往船只了，他得救了。他带回了一些海水，经化验，这水是可以饮用的泉水。又经调查发现：这孤岛与海的边缘正好有地下泉水不断翻涌。

这个故事中，可怜的船员被饥渴夺去性命，在于他们不敢突破自己，在他们的经验里海水是咸的，是不能饮用的，就不敢去尝试、去突破，是已有的经验害了他们的性命。

要敢于面对自己、正视自己，以坚强的意志突破自己。你要放弃平庸而选择突破，放弃惯例而选择未知，放弃退却而选择勇敢。勇于突破传统的思维定势，自觉地冲破陈腐的思想束缚，突破前人的观念、方式，进行一番自我的改革与创新。每一步自我突破，都是对旧事物的否定，每一步自我突破，都是自我的升华，都是自我生命的更新。不敢突破自己，就不会有成功的希望和可能。

试试吧，不要再墨守成规、畏缩不前了，只有敢于突破自己，才能开辟出一条全新的希望之路，才会有意想不到的收获，才能创造卓越。

Part2

奋斗要趁早，年轻就是敢折腾

因为年轻，你有时间，有精力，有热血，有梦想。年轻可以犯错，可以受伤，可以跌倒，甚至可以失败。

出名要趁早，奋斗趁年轻。年轻，就是要折腾，就是要拼搏，就是要闯荡。奋斗是青春的旋律，不服输是青春的底色。自强不息，永不气馁，敢于拼，才配是青春。

>>> 三分天注定，七分靠打拼

有一首粤语歌曲唱得好："人生可比是海上的波浪，有时起有时落，好运歹运，总嘛要照起工来行，三分天注定，七分靠打拼，爱拼才会赢。"古今多少事，没有空想出来的，只有干出来的。奋斗出天才，爱拼才会赢，此言不谬也！

亨利·福特从一所普通的大学毕业之后，便开始四处奔波求职，但均以失败告终。福特没有丧失对生活的希望，他依旧信心十足，自强不息，永不气馁，永不服输。

为了找一份好工作，他四处奔走。为了拥有一间安静、宽敞的实验室，他和妻子经常搬家。短短的几年时间里，夫妻俩到底搬过几次家连他们自己也说不清了，但他们依旧乐此不疲。因为每一次搬迁，夫妇俩都有新的收获。贫困和挫折不仅磨炼了福特坚韧的性格，也锻炼了他的耐力和恒心，更使他有机会熟悉社会、了解人生，为未来新的冲刺做好思想和技术准备。

尽管贫困和挫折给他增添了不少的麻烦，但为了理想，福特依然勤奋努力着，奋力拼搏着。工夫不负有心人，福特自强不息的精神和奋不顾身的打拼终于得到了回报。他应聘到爱迪生照明公司主发电站负责修理蒸汽引擎，终于实现了自己的心愿。不久，他又因为工作出色，被提升为主管工程师。

坚定自强不息的信念，让它深深地根植于你的心中，它就会激发你各方面的潜能，使你勇敢面对工作中的一切困难和障碍。

一个人若不敢向命运挑战，不敢在生活中开创自己的蓝天，命运给予他的也许仅是一个枯井的地盘，举目所见只是蛛网和尘埃，充耳所闻的也只是唧唧虫鸣。

成功需要付出，理想需要汗水来实现，辉煌人生需要奋斗来铸就。

任何人都要经过不懈努力才可能有所收获。世界上没有机缘巧合这样的事存在，唯有脚踏实地、努力奋斗才能收获美丽的奇迹。

当你失志时，别忘了哼唱一句"爱拼才会赢"来激励自己；当你落魄时，请仔细回味"爱拼才会赢"的隽永，让自己满怀斗志。

>>> 相信命运不如相信奋斗

有位太太请了一个油漆匠到家里粉饰墙壁。油漆匠一走进门，看到她的丈夫失去了双腿，顿时心怀怜悯。可是男主人一向开朗乐观，油漆匠在那里工作的那几天，他们谈得很投机。油漆匠也从未提起男主人的缺憾。

工作完毕，油漆匠取出账单，那位太太发现在原先谈妥的价钱上打了一个很大的折扣。她问油漆匠："怎么少这么多呢？"油漆匠回答说："我跟你先生在一起觉得很快乐，他对人生的态度，使我觉得自己的境况还不算最坏，所以减去了那一部分，算是我对他表示一点谢意，因为他使我发现原来自己的生活是这么幸福。"油漆匠的这番话使那位太太流下眼泪，因为这个油漆匠也只有一只手。

江灿腾1946年出生在台湾桃园大溪，是当地富裕望族之后。他的父亲听信了算命师的一句话——活不过三十五岁，短短几年内，荒唐地败光家产，以享受人生。不过，老天可没让他如愿，过了三十五岁，江灿腾的父亲仍旧活得好好的！江家自此陷入困境，江灿腾也因此而辍学，开始打零工贴补家用。他做过水泥小工、店员、工友等，尝尽人生冷暖。可他并不甘于当一名小工人，后来他考入飞利浦公司，自学通过国中、高中的同等学历考试，并于三十二岁考上师大历史系夜间部，自此踏上学术研究之路，于五十四岁时拿到台大史学博士。

从工人到博士，江灿腾在家变、失学、童工剥削、失恋、癌症折磨等不顺遂中，找到了生命的价值，在生与死之间坚定了人生的信念。

约翰·梅杰被称为英国的"平民首相"。这位笔锋犀利的政治家是白手起家的典型。他是一位杂技师的儿子，十六岁时就离开了学校。他曾因算术不及格未能当上公共汽车售票员，饱尝了失业之苦，但这并没有压垮年轻的梅杰。这位能力十足、具有坚强信心的小伙子终于靠自己的努力摆脱了困境。经过外交大臣、财政大臣等八个政府职务的锻炼，他终于当上了首相，登上了英国的权力之巅。有趣的是，他也是英国唯一领取过失业救济金的首相。

巴尔扎克说："挫折和不幸，是天才的进身之阶、信徒的洗礼之水、能人的无价之宝、弱者的无底深渊。"面对生活中的诸多坎坷和不幸，强者相信奋斗，首先战胜自己；弱者则屈服于自己，只能去相信命运。

相信命运不如相信奋斗。当苦难的浪潮向我们涌来时，我们惟有与命运进行不懈地抗争，才能不输给命运，才有希望看见成功女神高擎着的橄榄枝。

>>> 宁可在尝试中失败,不在保守中成功

从青涩的应届毕业生成为央视的名主持,从远涉重洋的学子到纪录片的制作人,从凤凰卫视的知名主持人到阳光卫视的当家人,杨澜的身份、角色一直在变化。

1994年,杨澜获得了中国第一届主持人"金话筒奖"。也就是在这一年,事业如日中天的她突然离开《正大综艺》,留学美国,震惊了很多喜爱她的观众。

对于出走央视的原因,杨澜说:"主持人这个行当有某种吃'青春饭'的特征,我不想走这样的一条道路。我相信,如果一个人不充实自己的话,前程将是短暂的。"

1997年在美国获得硕士学位回国后,杨澜加盟香港凤凰卫视中文台,开创了名人访谈类节目《杨澜工作室》,并担任制片人和主持人。那段时间,她主持的节目在世界华语观众中拥有广泛的知名度和美誉度。在凤凰卫视的两年里,杨澜拓宽了自己的职业视野,不仅积累了各方面的经验和资本,同时也找到了未来的发展空间。

1999年10月,杨澜突然宣布离开凤凰卫视中文台。这次的离

开给人们留下了更大的想象空间，比上次巅峰之时离开《正大综艺》更让人们吃惊和关注。

杨澜对此的解释是："离开凤凰的原因只有一个，在事业与家庭的选择中，我选择了家庭。"

2000年3月，在所有媒体没有意料到的时候，杨澜突然发布了和丈夫吴征收购良记集团并更名为阳光文化网络电视控股有限公司的消息。在新闻发布会上，她胸有成竹地提出了打造阳光文化传媒的计划，对于电视市场的未来前景做了精心的描述。杨澜是一个雄心勃勃的女性，就像一只追逐电视梦永远不知疲倦和满足的蝴蝶。

2003年，阳光卫视70%股权转让，杨澜宣告阳光卫视创办失败。但是杨澜并没有放弃传媒人士的角色，她和东方卫视、凤凰卫视、湖南卫视合作，主持《杨澜视线》《杨澜访谈录》《天下女人》等节目，并多次参与北京奥运会的重大活动。

杨澜说过："这些年，有太多的遗憾。唯一对自己满意的，就是一直在追求改变。宁可在尝试中失败，也不在保守中成功。"

杨澜的经历是这句话最好的注解。阳光卫视虽然失败了，杨澜的挑战却是成功的，至少她知道了自己下一步应该怎样走。这收获，不经历就不能明白。

在奋斗中尝试改变，即使失败也精彩。成长，就是一次次突破想象,包括自己的想象,然后再去追寻更高、更远、更灿烂的目标。

  对于每一个年轻人来说,不敢拼搏,惧怕改变,人生永远不会有突破,难以取得成功。敢于尝试,勇于突破,正是人生的魅力所在。让你成功的,正是你心中超越自我的渴望。

>>> 哪怕一无所有，也要勇往直前

《男儿当自强》的歌词唱道："傲气面对万重浪，热血像那红日光，胆似铁打骨如精钢，胸襟百千丈，眼光万里长，我发愤图强做好汉！"成功是靠你的双手干出来的，人生之路是用你的双脚走出来的，事业的天空是自己闯荡出来的。

经营舒蕾、美涛等著名品牌的丝宝集团董事长梁亮胜，当年不过就是个普通的穷小子。1982年，他被派往香港工作，跟妻子挤在不到30平方米的小屋里睡沙发。在这样艰苦的条件下，梁亮胜依然自强不息地学习，天天晚上坚持去夜校充电，在香港的三年时间里，他系统学习了航运、英语、国际贸易和经济管理等课程。后来，正是靠做国际贸易，向国内贩卖檀香木，梁亮胜淘到了第一桶金。再后来，梁亮胜成立了丝宝集团，个人资产接近20亿。当年与梁亮胜一起来香港的40名工友，现在依然还是那么穷，他们满足于现状，认为"在香港打工总比在中国大陆好得多"。

可见，自强是改变人生命运的重要因素，如果你心里面没有这种东西，总是能"看得很开"，注定是要混得几十年如一日还是那个"熊样"。

自强,是一种"我不比别人差"的心气,是一种"因贫穷而羞耻,知耻而后勇"的行动。重庆小天鹅投资集团董事长廖长光,当初被几个有钱有势的连襟"挤兑",内心深受"刺激",才豁出去卖掉自家房子换来3000元钱,从路边火锅店开始,一举做成大餐饮集团。

正是自尊心和骨气,促使廖长光敢于豁出"老本",只为赢得别人的尊重。现实的困窘,往往会激发穷人家孩子强大的进取心,谋求改变身份、提高地位和积累财富的出路。

戴尔·卡耐基说:"我想赢,我一定要赢,结果我又赢了。"只有不断说服自己突破阻碍,你才能真正地取得进步,正如当年惨败在魔术队手下的迈克尔·乔丹,抱着必赢的心态再次率领公牛队续写辉煌,实现第二个"三连冠"。

先天的家庭背景、出生环境,是你无法选择的,但后天的发展却是可以凭主观努力改变的。社会大环境固然重要,但只要"自强"是一支潜力股,只要你永远保持一股自强不息的进取精神,就一定可以在社会上一路"自强"到底。

即使你现在两手空空,但如果自始至终怀揣着雄心壮志,你就不是一无所有;怀揣着梦想,在人生旅途上精疲力竭时,你就可以随时补充能量,整装待发!

哪怕一无所有,也要勇往直前。只要你无所畏惧地向前闯荡,就一定能够闯出一片广阔的人生天地来。

>>> 奋斗要趁早，莫辜负青春好年华

年轻真好！因为年轻，你有很长的时间去发展无数个可能性，你有足够的智力、精力和机遇去实践梦想，没有太多的社会责任和个人包袱左右你的选择……

有多大的机会、多大的可能性，就意味着你有多大的上升空间。但再大的发展空间，也需你努力去把握，懂得去拼搏，否则，年华再好，一旦没把握住，你依然会无所作为！

为了得到一个最令你满意的结果，你不得不在行动之前，把所有导致既定结果的方法和途径考虑进来，并为之做好充分的准备。一个缺乏准备的人一定是一个差错不断的人，纵然其具有超强的能力、千载难逢的机会，也不能保证一定获得成功。考虑不周全，缺乏充分准备的行动会让一切陷入无序，让你面临失败的危险。

提起准备，每个人都懂得有备无患的道理，几乎人人都有因准备而获得，亦因准备而失去的经历。

1909年，美国海军军官罗伯特·埃德温·皮里率领探险队首次到达北极。

皮里为了这一壮举准备了许多年,他的首次北极之行是在1886年,并且往返过许多次。他在北极地区生活了4年,跟因纽特人交朋友,并且他的计划也得到了他们的支持。从因纽特人那里,皮里学到了不少在北极地区生存的有价值的技能。

1905年,他第一次试图到达北极,但因供应品不足,只好返回。最后,皮里在1908年踏上了将证明他探险成功的征途。

皮里从他先前旅行所犯的错误中吸取教训,布置了穿过冰雪覆盖地区的供应线,在适当的间距上储藏了食品。在距离目的地大约640千米处,皮里一行于1909年2月的最后一天离开了他们的"罗斯福号"船,开始合用狗拉的雪橇。皮里和他的同伴利用几天的好天气,发起了最后一次冲刺,终于在4月6日那天到达北极。

一次成功的穿越,让皮里在人类前行的史册上留下了光辉的名字,而这一切的前提就是要做好充足的准备。先前的失败让他深深认识到准备的重要性,他才能够在第二次尝试之前布置好一切,避免了可能发生的许多问题。

皮里的例子可以说明一个道理:对准备,当你自觉时,它将成全你;当你不自觉时,它可能会毁掉你。

我们在做任何事情时,要把所有可能的方法和途径都考虑在内,预测一下所有可能出现的结果、障碍和运气的转变,否则我们的辛劳成果可能会因为一些偶然而白费,甚至所取得的荣誉也会瞬间被毁。风华正茂的年轻人,更应该对未来的人生早做准备,早做规划,早做行动,让自己知道什么时候应该开始、什么时候应该停止,朝着哪个方向前进,这样人生格局才能顺利展开。

也许正准备扬帆起程,大展身手;也许正对未来充满期待,又恐力所不及。但在一切开始之前,请先问自己一个问题:"我准备好了吗?"

>>> 二十几岁的规划决定你的一生

凡事预则立，不预则废。二十几岁的你，趁着精力充沛、体力强健和头脑灵活的时候做好人生的规划，然后朝着预定的目标全力以赴。有了规划，就有了奋斗目标；有了志向，就有了一股无论顺境逆境都勇往直前的动力。"心有多大，舞台就有多大。"这既是奋斗的力量，也是行动的力量。

西方有句谚语："如果你不知道要到哪儿去，那通常你哪儿也去不了。"一个人做成事情的关键在于，一定要先知道自己想要什么。

要想实现遥远的目标，需要为达到这个目标画出一条可行的轨迹来，这就是规划。规划可以让不可能变为可能。有了人生规划这张蓝图，我们才可以知道我们想要什么，我们需要走在什么样的路上，怎样走才不会错。

在英国，有个马术师的儿子在初中语文课上，用洋洋洒洒的七张纸描述自己的理想：拥有一座属于自己的农场。男孩仔细画了一张20公顷农场的设计图，上面标有马厩、跑道等设施，在农场中央建有一栋占地400平方英尺的豪宅。作文交上去后，老师单独找到男孩对他说:"你这么小就有如此细致的构想,难能可贵。从现在起,你要明确一件事:盖一座农场可是一个花费钱的大工程,不仅要花钱置地,买纯种马匹,还得花钱照顾它们。以你目前的家庭状况,想得到这笔钱是十分困难的事,既然这样,你就得认真考虑:我怎样才能合理合法地弄到这笔钱。只要记着农场的样子,想着这个问题,你就会在将来的某一天得到你想要的答案。孩子,希望你记住我今天的话!"

三十多年以后,这个名叫劳伦·杰拉德的小男孩真的实现了当初的设想,将那位指点过他的恩师请到自己的豪华农场里做客。劳伦·杰拉德以他的经历证明了:

只要你的规划足够具体,行动和思考始终围绕着这一目标,任何不可思议的构想都有可能实现。

杰拉德没有显赫的双亲,没有家财万贯的资本,但他心里有明确的奋斗方向和解决问题的冲动,这两点要比任何不靠谱的言行都管用!成为农场主的构想,支撑他奋斗足足三十年,直至梦想成真。与其他平庸的同学相比,他已是令人高山仰止的财富偶像,这一切只是源于初中时亲手涂鸦的几张图纸,以及三十年来"满脑子找钱建农场"的念头。

新东方的徐小平说:"人生没有设计,你离挨饿只有三天。"如果没有一个目标,做起事情来只会一团糟。

当你对未来感到迷茫时,应该驻足,澄清思想,把自己当做公司来经营。看看自己有什么样的优势、资源，未来的发展方向在哪里，然后分析市场的发展趋势，考虑应该怎样匹配，最后制定策略采取行动。

想法决定一个人的行为，行为决定一个人的成就。二十几岁的规划，将决定你在三十几岁后是贫穷，是中产，还是富有，是平庸，是卓越，还是成功，将决定你一生的命运。

把握好现在，就可以赢得未来。

>>> 梦想有多远，就能走多远

做人要有大志气，面临抉择时要敢于舍得一切，包括原有的安稳生活。

20世纪80年代，大学毕业生求伯君在河北省徐水县物资局做了一名普通的财务人员。求伯君最大的爱好就是编程序，上班两个月后他就编出一个工资管理软件，代替了繁琐的财务报表，让同事和领导对他刮目相看。一次偶然的机会，求伯君出差深圳，发现自己的编程才能终于有了用武之地，经过一番思想斗争后，他不顾家人和朋友的一致反对，接受被开除和拒转关系的结果，毅然走出物资局，到深圳奋斗，后来成为金山软件的老总和"软件业的民族英雄"。

不管你梦想干什么，都要有志气、野心和胆量。如果你敢把手中的箭对准月亮，也许就会射中老鹰；如果敢把箭对准老鹰，也许就会射中兔子；但如果你什么也不敢射，就只能一无所获。志气决定前途，胆量成就事业。没有人喜欢成为一个可有可无的三流角色，一辈子受人摆布。即使你的事业不能走到金字塔的最顶端，也不能停留在最底层，至少要敢想敢做，不断地往高处走。

1926年，东京大学法律系毕业的大村文年，进入"三菱矿业"做了一名小职员。在公司为新人举行的欢迎会上，大村文年对一位与他同时进公司的同事说："看着吧，我将来一定会成为这家公司的总经理！"三十年后，大村文年以出色的业绩超过众多资深的干部与同事，在毫无派系的背景下，当上"三菱矿业"的总经理。

1949年，一个24岁的美国年轻人，同样自信地走进美国通用汽车公司应聘会计。人事主管告诉他，目前只有一个财务空缺，不过那个职位非常辛苦，一个新手很难应付。年轻人听完后毫不在乎地说："其实这算不了什么，它将是我未来工作的重要一部分。通用汽车公司会了解到我足以胜任所有职位的超人能力！"人事主管在聘用这位年轻人后，对他的秘书说："这小子不简单，我可能刚刚雇用了通用汽车公司未来的董事长！"想来这位人事主管看人是比较准的，这个年轻人就是自1981年起担任通用汽车董事长的罗杰·史密斯。罗杰·史密斯在通用公司的第一位朋友韦斯特回忆说："上班一个月后，罗杰一本正经地告诉我，他的奋斗目标就是成为通用汽车的总裁！"

或许你目前只是个刚迈入社会的新手或者是地位卑微的职员，但是不必泄气，只要你敢想敢干，志气足够大，就会想尽一切办法，发掘潜在的优势，将梦想照进现实。

>>> 敢闯敢拼，闯出人生一片天

林肯是美国第16任总统，当职期间签署了著名的《解放黑奴宣言》，将奴隶制度废除。马克思曾对他作出这样的评价："一位达到了伟大境界而仍然保持自己优良品质的罕有的人。"使他成为美国人的敬仰偶像的根源是什么？不是历史给他的机遇，不是上帝给他的指引，是他勇于打拼的精神、顽强的毅力和坚强的性格。

马维尔是法国的一位记者，曾经去采访林肯。

他问："据我所知，上两届总统都想过废除黑奴制度，《解放黑奴宣言》早在他们任职期间就已起草好了，可他们最终未能签署它。总统先生，他们难道是想把这一伟业留给您去成就英名？"

林肯笑道："可能是吧。但是如果他们意识到拿起笔需要的仅是一点勇气，我想他们一定非常懊丧。"

马维尔似懂非懂，但还没来得及问下去，林肯的马车就出发了。

林肯遇刺去世50年后，马维尔偶然读到林肯写给朋友的一封信，才算找到了答案。林肯在信中谈到了他幼年时的一段经历：

"我父亲在西雅图有一处农场，里面有许多石头。正因为这样，父亲才能够以低廉的价格买下来。有一天，母亲建议把那些石头搬走。父亲却说：'如果那么容易搬，主人就不会这么便宜卖给我们了，那是一座座小山头，都与大山紧紧连着的。'

"过了一段日子，父亲去城里买马，母亲和我们在农场干活。母亲又建议我们把这些碍事的石头弄走，于是我们开始一块一块地搬那些石头。很快，石头就被搬走了，原来那只是一块块孤立的石块，并不是父亲想象的与山相连，只要往下挖一英尺，就能把它们晃动了。

"……

"有些事情，人们之所以不去做，仅仅是因为他们觉得不可能。其实，有许多不可能，仅存在于人们的想象之中而已。"

此时马维尔已是76岁的老人了，也就是在这一年，他下决心学习汉语。3年后，1917年，他在广州以流利的汉语采访了孙中山。

如果林肯是个安于现状、唯唯诺诺、优柔寡断、不堪一击的人，那么他可能只是个平庸乏味的总统，或者根本就当不了总统，黑奴可能今天都得不到解放；如果马维尔只图安逸、不思进取，他又怎么能在晚年学会汉语，有机会和孙中山一叙呢？

这启示我们，成功的机遇其实就在眼前，只要我们有敢闯敢拼的性格，就能把机遇握在手中，就能赢得人生的成功。

>>> 吃苦的年龄不要选择安逸

现在不少年轻人，都有创业的想法，期望通过创业来创立自己的事业，实现自己的人生梦想。这种想法是值得嘉许和推崇的。

然而，创业赚钱不是一件容易的事，你不仅要面对各种各样的困难，更要舍得吃尽各种各样的苦头，方能苦尽甘来，取得成功。

创业过程中的"苦"有很多种，比如身体之苦、环境之苦、工作之苦、折腾之苦、挫折之苦、上当受骗之苦、血本无归之苦等等。对于这么多苦，你都要骨子里有韧劲、坚持与它们"死磕"到底，同时心态平稳，做事还要不急不躁，但凡能做到这两点，也就没有什么苦是你吃不下的了。

想要创业成功，仅有折腾是不够的，你还得能吃苦，敢吃苦，学会以苦中作乐的态度去工作和生活。身体上能承受奔波，心理上不惧压力，事业上看淡起伏，创业中不畏艰险。

波司登总裁高德康，就曾经历过创业过程中的艰辛之苦。那时候，高德康还只是个小裁缝，靠给上海一家服装厂加工服装赚钱，每天要从村里往返上海购买原料、递送成品。从村里到上海市区有一百公里的路程，高德康每天都要骑自行车跑一个来回，身体辛苦倒在其次，问题是折腾几趟之后，自行车就受不了提前宣布"退休"。没办法，高德康开始挤公共汽车，他背着沉重的包裹挤上挤下，累得满头大汗。有时候，车上人闻到他一身汗臭味就受不了，硬是把他推下来，骂他"乡巴佬"，有一次还把他的腰弄伤了……可是做生意就得要吃苦，龙门要跳，狗洞也要钻，高德康只能硬着头皮忍受各种委屈和痛苦。正是凭着能吃苦、不服输的劲头，高德康将手中的波司登品牌做成了中国羽绒服第一品牌，自己也被贴上了亿万富翁的标签。

"吃得苦中苦，方为人上人"，"咬得菜根，百事可做"，从某种意义上说，吃苦其实是人生的一大幸事。

一个年轻的老板，在公司倒闭以后，对手下的员工们说："我应该感到幸运，因为这次失败是我人生的另一次开始，我和大家都有足够的时间从头再来。只有经历过失败、承受过痛苦，你才能对将来的成功感到踏实。"之后，年轻的老板与追随自己的员工一起积极打拼，几年后又成立了一家公司，生意越做越好，没有再犯曾经的错误。

在商场上流行着这样一句话："小老板靠勤奋吃苦赚钱，中老板靠经营管理赚钱，大老板靠投资决策赚钱。"在创业初期，吃苦就是事业生存的根本所在。白天你可以人五人六地做老板，跟人谈生意，到了晚上你就要殚精竭虑地思考生意上一系列问题，甚至要亲自跑货验货，跟工人们一起忙个通宵，找个地方就睡。这是中国民营企业家早期创业的真实写照，正是凭着这种精神，他们才能在资源奇缺的情况下，迅速将生意做大做强。

对于年轻人来说，创业阶段要身体力行，像普通人一样多干活多折腾，同时还要进行意志力和抗压力方面的训练，使自己能够以从容不迫的心态，面对一切可能出现的危机和挑战。

>>> 没成功？只是缺少一点野心

意气风发、热情澎湃的你，或许你已经足够优秀，可是为什么还离成功有一步之遥呢？那就是，你还缺少一点追求成功的野心。

巴拉昂是一位年轻的媒体大亨，以推销装饰肖像画起家，在不到10年的时间里迅速跻身法国五十大富翁之列。1998年因前列腺癌在法国博比尼医院去世。临终前，巴拉昂留下遗嘱，把他4.6亿法郎的股份捐献给博比尼医院，用于前列腺癌的研究，另有100万法郎作为奖金，奖给那些揭开贫穷之谜的人。

巴拉昂去世后，法国《科西嘉人报》刊登了他的遗嘱。遗嘱说："我曾是一个穷人，去世时却是以一个富人的身份走进天堂的。在跨入天堂的门槛之前，我不想把我成为富人的秘诀带走，现在秘诀就锁在法兰西中央银行我的一个私人保险箱内，保险箱的三把钥匙在我的律师和两位代理人手中。谁能通过回答'穷人最缺少的是什么'而猜中我的秘诀，他将得到我的祝贺。当然，那时我已无法从墓穴中伸出双手为他的睿智鼓掌，但是他可以从那只保险箱里荣幸地拿走100万法郎，那就是我给予他的掌声。"

遗嘱刊出后，《科西嘉人报》收到大量信件，有的骂巴拉昂疯了，有的说《科西嘉人报》是为了增加发行量在炒作，但多数人还是寄来了自己的答案。

大部分人认为，穷人最缺少的是金钱。穷人还能缺少什么？当然是钱了，有了钱，就不再是穷人了。有一部分人认为，穷人最缺少的是机会。一些人之所以穷，就是因为没遇到好时机，股票疯涨前没有买进，股票狂跌前没有抛出，总之，穷人都穷在没有抓住机遇上。另一部分人认为，穷人最缺少的是技能。现在能迅速致富的都是有一技之长的人，一些人之所以成为穷人，就是因为学无所长。还有的人认为，穷人最缺少的是帮助和关爱。每个党派在上台前，都曾给失业者大量的许诺，然而上台后真正关爱他们的又有几个？总之，答案五花八门。

在巴拉昂逝世周年纪念日，他的律师和代理人按巴拉昂生前的交代，在公证部门的监督下打开了那只保险箱。在48561封来信中，有一位叫蒂勒的小姑娘猜对了巴拉昂的秘诀。蒂勒和巴拉昂都认为穷人最缺少的是野心。

在颁奖之日，《科西嘉人报》带着所有人的好奇，问年仅9岁的蒂勒，为什么想到是野心，而不是其他。蒂勒说："每次，我姐姐把她11岁的男朋友带回家时，总是警告我：不要有野心！不要有野心！我想，也许野心可以让人得到自己想得到的东西。"

年轻人大多不介意别人说自己"雄心勃勃"，却害怕被人指责为"野心勃勃"。生活中，许多极富潜力的人就是因为害怕被人说成是"野心家"而畏缩不前，不敢奋斗，不敢冒尖。想想巴拉昂所说的话吧，最缺少的就是野心。任何事情要想做得出色，都是需要很强大的内心欲望的，没有"野心"的人内心动力不足，往往只会成为人群中的平庸角色。

>>> 爱拼才会赢，做时代的弄潮儿

没有人能随随便便成功，爱拼才会赢。生活就是一场场接二连三的挑战，结束了这一场还有下一场，挑战无处不在。逃避挑战是懦弱的表现。正确的态度是：勇于拼搏，勇敢地面对一切，证明自己能行。

2010年8月，天山网报道了一则标题为《温晓文：敢闯善拼，致富路上勇争先》的新闻。农一师水利水电工程处加工厂职工温晓文，大伙儿都叫他"温老板"。他敢闯善拼，已拥有固定资产100多万元，走上了致富路。

1993年，温晓文从部队复员后来到农一师，种过地、当过农机驾驶员。2000年，水利水电工程处深化改革，转让农机具产权。温晓文抓住机遇，筹钱买了一辆拖拉机，开始了创业路。10年来，他苦心经营，掌握了过硬的技术，事业干得红红火火。

在农机作业中，温晓文宁可速度慢一点，也要保证作业质量，因此赢得了良好的信誉，找他干活的人越来越多。近几年，他年收入都在15万元以上。

从事农机作业竞争激烈，必须不断更新农机具。温晓文舍得投入，2005年，他贷款70多万元购买了一辆大马力机车。2006

年，他花5万多元购买了一台装花机。2008年，他投资25万元购买了两辆链轨车及配套农具。新式农机具作业质量好、效率高，承包职工争着用，给他带来高回报。

温晓文没有就此满足。2007年8月，水电处对棉花加工车间实行租赁承包，温晓文认为这是一个发展机会，积极参与竞标，取得了承包权。他招录新工人，集中培训，同时制定严格的经营管理制度，保证了加工质量。他承包棉花加工车间，每年收入10万元以上。

2010年，温晓文又看准红枣产业发展前景，承包了22亩枣园。

温晓文的人生经历给年轻人的启示就是：只要敢想敢做、敢闯敢拼，成功之路就能越走越宽广。

因此，凡事只要乐观看待，努力打拼，勇于克服挫折并坚持到底，就能一步步达成梦想，也能为自己带来正面的力量。

Part3

人生最大的谎言就是"我不行"

你的内心有没有这样的想法："我不行，我做不到，我的能力不行，我没有这样的经验，到最后我会输得更惨……"这样的想法束缚了你的手脚，让你真的成为一个失败者。

人生最大的谎言就是"我不行"，最大的失败就是承认失败。自信是通往成功的入场券。相信自己，永不服输，心中无敌，才能无敌于天下。

>>> 人生最强大的对手是自己

很多人失败，通常是输给自己，而不是输给现实。

这是一个真实的故事。

美国从事个性分析的专家罗伯特·菲利浦有一次在办公室接待了一个因企业倒闭而负债累累的流浪者。

罗伯特从头到脚打量眼前的人：茫然的眼神、沮丧的表情、长久未刮的胡须以及紧张的神态。专家罗伯特想了想，说："虽然我没有办法帮助你，但如果你愿意的话，我可以介绍你去见本大楼的一个人，他可以帮助你赚回你所损失的钱，并且协助你东山再起。"

罗伯特刚说完，他立刻跳了起来，抓住罗伯特的手，说道："看在老天爷的份上，请带我去见这个人。"罗伯特带他站在一块看来像是挂在门口的窗帘布之前。然后把窗帘布拉开，露出一面高大的镜子，他可以从镜子里看到自己的全身。罗伯特指着镜子说："就是这个人。在这世界上，只有这个人能够使你东山再起，你觉得你失败了，是因为输给了外部环境或者别人了吗？不，你只是输给了自己。"

他朝着镜子走了几步,用手摸摸他长满胡须的脸孔,对着镜子里的人从头到脚打量了几分钟,然后后退几步,低下头,哭泣起来。

几天后,罗伯特在街上碰到了这个人,而他不再是一个流浪汉形象,他西装革履,步伐轻快有力,头抬得高高的,原来那种衰老、不安、紧张的姿态已经消失不见。

后来,那个人真的东山再起,成为芝加哥的富翁。

就像故事中的主人公一样,人生在世,要战胜自己很不简单,一般人得意忘形,失意时自暴自弃;成功时得意,落魄时觉得没有人比他更倒霉。唯有不受成败得失的左右、不受生死存亡等有形无形的情况所影响,纵然身不自在,却能心得自在,才算战胜自己。

当然,我们不得不承认,人性都是有弱点的。在人的一生中想得最多的是战胜现实,超越别人,凡事都要比别人强。心理学家告诫我们:战胜世界要战胜自己。

我们不是常常看到有的人想努力学习努力工作,却战胜不了自己的散漫和懒惰;想谦虚待人,却战胜不了自己的自负与骄傲;想和别人和谐处世,却战胜不了自己的自私与偏见……

关键的是我们要懂得:战胜了懒惰,才会有勤奋;战胜了骄傲,才会有谦逊;战胜了固执,才会有协调;战胜了偏见,才会有客观;战胜了狭隘,才会有宽容;战胜了自私,才会有大度。

如果说懒惰、骄傲、固执、偏见、狭隘、自私是人性的弱点,那么勤奋、谦逊、协调、客观、宽容、大度就是人性的优点。

美国著名心理学教授丹尼斯·维特莱把这些人性的优点称之为良好的精神准备。他指出:有无良好的精神准备,或是打开成功之门的钥匙,或是封闭成功之门的铁锁。因此,战胜别人首先要战胜自己,因为最强大的敌人不是别人而是自己。

>>> "不能"是自己强加的

现实中，很多年轻人都或多或少存在着自卑心理，内心认为自己这也不行，那也不能。

许多心理学家认为，自卑是由于一种过多地自我否定而产生的自惭形秽的情绪体验。其主要表现为对自己的能力、学识、品质等自身因素评价过低；心理承受能力脆弱，经不起较强的刺激；谨小慎微，多愁善感，常产生猜疑心理；行为畏缩、瞻前顾后等。自卑心理可能产生在任何年龄段和各种各样的人身上，比如说，德才平平，生命仍未闪现出辉煌与亮丽，往往容易产生看破红尘的感叹和流水落花春去也的无奈，以至于把悲观失望当成了人生的主调；经过奋力拼搏，工作有了成绩，事业上创造了辉煌，但总担心风光不再，容易产生前途渺茫、四大皆空的哀叹；随着年龄的增长，青春一去不回头，往往容易哀怨岁月的无情和发出红日偏西的无奈……这种自卑心理是压抑自我的沉重精神枷锁，是一种消极、不良的心境。它消磨人的意志，软化人的信念，淡化人的追求，使人锐气钝化，畏缩不前，从自我怀疑、自我否定开始，以自我埋没、自我消沉告终，使人陷入悲观哀怨的深渊不能自拔，真是害莫大焉。

　　自卑是一种消极的自我评价或自我意识，自卑感是个体对自己能力和品质评价偏低的一种消极情感。自卑感的产生，不是其认识上的不同，而是感觉上存在差异。其根源就是人们不喜欢用现实的标准或尺度来衡量自己，而相信或假定自己应该达到某种标准或尺度。如"我应该如此这般""我应该像某人一样"等。这些追求大多脱离实际，只会滋生更多的烦恼和自卑，使自己更加抑郁和自责。自卑是人生成功之大敌。自古以来，多少人为自卑而深深苦恼，多少人为寻找克服自卑的方法而苦苦寻觅。

　　强者不是天生的，强者也并非没有软弱的时候，强者之所以成为强者，在于他善于战胜自己的软弱。

　　一代球王贝利初到巴西最有名气的桑托斯足球队时，他害怕那些大球星瞧不起自己，竟紧张得一夜未眠，他本是球场上的佼佼者，但却无端地怀疑自己，恐惧他人。后来他设法在球场上忘掉自我，专注踢球，保持一种泰然自若的心态，从此便以锐不可当之势踢进了1000多个球。

　　球王贝利战胜自卑的过程告诉我们：不要怀疑自己、贬低自己，只需勇往直前，付诸行动，就一定能走向成功。

　　所谓的"不能"只是自己强加的，只要你打倒自卑，树立自信，无所畏惧地挑战人生中的一切，你就一定能实现心中的梦想。

>>> 没自信的人,已输了一半

拿破仑·希尔曾引用过的一首诗,其中有几句是这样的:

如果你认为自己已经被打败,

那你就被打败了;

如果你认为自己并没有被打败,

那么你就并未被打败。

如果你想象获胜,但又认为自己办不到,

那么,你必然不会获胜;

如果你认为你将失败,

那你已经失败了。

……

在我们的内心中,一般存有两股力量,有一股力量使我们觉得自己天生是来做伟人的;另一股力量却时时提醒我们"你办不到"。这样一对矛盾的内部力量的斗争,在我们遇到困境与失败时,会变得更加激烈。自我怀疑和害怕失败是经常影响我们的负面能量。它们经常扯我们的后腿,不让我们去尝试,或在失败后给我们以打击;它们吸取我们的能量,使得我们只能使用我们真正的能力的一小部分。

华盛顿·欧文说:"思想浅薄的人会因为生活的不幸而变得胆小和畏怯,而思想伟大的人则只会因此而振作起来。"我们要想一直在通往成功的道路上前行,永远相信自己的能力是至关重要的。

聪明的人会把困难和不幸当做成长的机会,有自信的人欢迎这种逆境下的奋斗,因为他们知道这是砥砺品格磨炼意志的最好时机。他们了解战胜这些困难有助于建立勇气和恢宏的气度。如果我们不经过练习,生活好像置身"玫瑰床"中,那我们就会成为永远长不大的小孩。

没有自信的人,在人生的战场上已经输了一半。通往成功的关键是自信。自信使我们能以智力、体力来迎接任何挑战,但那只有在我们能完全控制自己时才能达成。我们每个人都应该克服自我怀疑的心态,相信自己能够战胜任何挫折。我们不能等那个犹疑不定的自我给我们允许才行动,我们应该勇往直前地去做。

>>> 自我设限会扼杀你的梦想

很多人在成长的过程中特别是幼年时代，遭受外界（包括家庭）太多的批评、打击和挫折，于是奋发向上的热情、欲望被"自我设限"压制封杀，没有得到及时的疏导与激励。既对失败惶恐不安，又对失败习以为常，丧失了信心和勇气，渐渐养成了懦弱、犹疑、狭隘、自卑、孤僻、害怕承担责任、不思进取、不敢拼搏的不良性格。

这样的性格在生活中最明显的表现就是随遇而安，与生俱来的成功火种过早地熄灭。

追求成功是人类的本能。人为成功而来，也为成功而活。绝大多数人能坚韧不拔地走完人生历程，就是因为成功的渴望始终存在。把它称作信念也好，使命也好，责任也好，任务也好，总有期盼和牵挂，总有要完成的欲求。

成功意味着富足、健康、幸福、快乐、力量……在人类社会里，这些东西总能获得最多的尊重和赞美。人人追求成功。普天之下，贫富贵贱，有谁会站出来说："我不想成功，我不愿成功！？"

成功始于心动，成于行动。要解除"自我设限"，关键在自己。成功属于有强烈成功意愿的人，并且有明确的方向和目的。你不愿成功，谁也拿你没办法；你自己不行动，上帝也帮不了你。只有自己想成功，才有成功的可能。

洛克菲勒曾对儿子说："西恩，我记得我曾对你说过你在现在这种年龄，务必做好的事情就是想好10年之后从事什么工作，你对将来必须具有想象力。"

无论你现在处于什么环境，你要在心里问自己一个重要的问题：我将来想成为什么人？无论是否有人对你说过"这是不可能的"，这对你来说并不重要；重要的只有一点，那就是你自己是否认为你可能成为那个你想要成为的人。

你绝不能认定你的生命已经"过去了"。因为如果你不抓住自己的梦想，那就失去奋斗的激情和动力了。

扼杀你的梦想的还有另一个陷阱，这就是那种认为眼下还不能追求自己梦想的想法，也就是说现在还没到适当的时候。你要相信，根本不存在开始一件新事情的最佳时刻。每当你推迟做一件事情时，你离目标也就又远了一步。

>>> 没有人看不起你，除了你自己

决定成败的不是别人对我们的评价，而在于我们自身是否相信自己，做最好的自己。

我们每个人都是独特的，我们应当为自己的生命而感到自豪。生命最初，我们以响亮的啼哭声向世界证明我们的存在，但此时我们是被动的，我们无从选择富裕与贫穷，也无从选择容貌美丽与丑陋。但是，在成长的过程中，我们一样可以完善自我、改善境遇，创造命运。

黄山上的松树，无论它们是站在顶峰上，还是长在山脚下，都向世人展示着自己的风采。它们之所以让世人惊叹，就在于它们千姿百态，各不相同。人的生命也是如此。我们可以羡慕别人，仰视他人，但永远不要忘记自己的价值，就像松树一样好好地信任自己的命运。

心理学家在一个班的学生中挑出一个最愚笨、最不招人喜爱的姑娘，并要求她的同学们改变已往对她的看法。

在一个风和日丽的日子里，大家都争先恐后地照顾这位姑娘，向她献殷勤，陪送她回家。大家有意识地从心里认定她是一

位漂亮、聪慧的姑娘。结果不到一年，这位姑娘出落得很好，举止也同以前判若两人。她愉快地对人们说自己好比获得了新生。

其实，她并没有变成另一个人——然而在她的身上却展现出每一个人都蕴藏的美，这种美只有在我们相信自己，周围的所有人也都相信、爱护我们的时候才会展现出来。

对于任何人来说，生活旅途都并非一路鲜花掌声，最要紧的，是我们自己要对自己有信心。

事实就是这样，当我们认为别人都比自己强时，往往是因为我们遗忘了自己的潜力。没有人会看不起你，除了你自己。

>>> 别给自己贴上"小人物"的标签

你是不是会在遇到事情的时候对自己说："我肯定不行，能力不够"？如果这样的情况常常发生，那你可就要注意了，因为你已经为自己贴上了"小人物"的标签。夹着尾巴做小人物，不出风头看来是正确的，但是，这其实存在着埋没我们才华的危险。正视自己，不肆意贬低自己，才应该是年轻人应有的态度。

俄国的罗巴切夫斯基发表非欧几何理论之后，非但没有得到众人的承认，反而受到了不少人的攻击，甚至有人还给他戴上"精神病""疯子""怪人"的帽子。但他毫不理会，毫不动摇，信心百倍地坚持研究，终于取得了成功，成为非欧几何学的创始人。匈牙利青年数学家波里埃12岁时就开始研究非欧几何，并取得了一定的成就。但在他的父亲的竭力反对以及未能得到别人的鼓励和支持的条件下，动摇了决心，丧失了信心，以致最终放弃了这一有价值的研究。这正反两例告诉我们，自信心在事业成功的道路上具有多么重要的作用。

自信的确在很大程度上促进了一个人的成功，从不少人的创业史上我们都可见一斑。自信可以从困境中把人解救出来，可以使人在黑暗中看到成功的光芒，可以赋予人奋斗的动力。或许可以这么说："拥有自信，就拥有了成功的一半。"

世界上最可靠的朋友就是你自己，而最被人忽视又最无法躲避的朋友还是你自己。同样，我们最需要的帮助也不是来自别人的关怀，恰恰正是实在而坚定的自我信念。连自己都不肯接纳自己，便无法要求这个世界给你一个位置，连自己都不敢正视自己，便无法赢得别人赞许的眼光。

缺乏自信心的人，要学会建立自己的自信心。自信与不断取得成功有关，不自信与接连遭受挫折相连。当一个人不自信的时候，很难做好任何事情，当他什么也做不好时，他就更加不自信，形成一种恶性循环。若想从这种恶性循环中解脱出来，重建自信心，不妨先从最有把握的事情做起，从小事做起。在这个过程中要学会自我赞赏，这是很好的增强自信的办法。当你取得了一些成功的时候，要告诉自己，你能够把事情做好，你并不比别人差。这样长期坚持下去，你的自信心就逐步建立起来了。当你总是问自己"我能行吗？"的时候，你还难以摘取成功的花枝，当你满怀信心地对自己说：别人行，我也一定能够行！这时，收获的季节离你已不太遥远了。

>>> 理直气壮地告诉世界：我能行

据国外的一项最新研究称：在遇到困难时，通过大喊大叫的方式，可以增强自信心，乃至激发出我们的潜能。

著名的网球运动员莎拉波娃在5岁时到莫斯科参加一项表演赛事。当时，在比赛期间主办方安排了一个类似"和明星打球"的儿童网球活动。在一大群孩子中，当时只有五岁的莎拉波娃一下子就吸引住了教练的眼球。几年后，当教练观看了莎拉波娃的一场比赛后，她明白了，这个小姑娘所拥有的并不只有过人的天赋。为什么？因为莎拉波娃从拿下第一分开始就旁若无人地大喊"Come on"给自己加油。

当在大满贯赛场上驰骋时，莎拉波娃的嘶喊经常会遭到对手的抗议，对此，莎拉波娃表示也很无奈，她说："当我事后在电视里听到自己的叫喊时，我也不喜欢这样，但我控制不住自己，从四岁开始我就会大喊大叫，这个习惯没办法改变。"

这种喊叫和她的潜能已经牢牢地联系在一起了。不只是在网球场上，在日本剑道比武中，选手们总是生气暴喝以壮其势；在跆拳道比赛中，运动员们口中喝声连连等。

事实上，莎拉波娃的这种喊叫很有作用。首先，它能"叫醒"大脑，刺激机体迅速进入兴奋状态；其次，凝神壮胆，有助于集中注意力和增强自信心。

生活中同样如此，部队训练要喊口号，集会时要喊口号，美国总选选举时要有竞选口号。

不论你从事什么工作，最重要的就是要建立信心。有了信心，才能使潜能发挥出来。经常赞美自己、欣赏自己，无形之中给了自己良好的激励，你的潜能也会被激发出来，让你取得成功。

信心不是我们人生不幸的开端。不要对自己心存怀疑，也不要对成功心存畏惧，大声地对世界说："我能行！"

>>> 永远相信自己，从不轻言失败

你是不是天才不要紧，关键是你要相信自己是天才；你是不是成功人士没关系，关键是你要相信自己终有一天会有所作为。

一个人可以出身卑微，可以家境贫寒，可以学识浅薄，可以其貌不扬，可以遭遇困境，可以失去人生的方向，但有一样东西，你绝不可以缺少，那就是自信。

我们有幸来到这个世界取决于大自然的恩惠。大自然造人时赋予了每个人与众不同的特质。在生活中没有谁的基因会和你完全相同，也没有一个人的性格会和你丝毫不差。每个人都以自己独特的方式来与他人互动，进而影响别人。你有权活在这个世上，而你存在于这个世界上的作用是其他任何人无法取代的，因此，你应该相信自己。

自信是一种无形的力量，它支撑着人的生命，它帮助你战胜自我，创造奇迹。它滋润着人们生活的方方面面，不但事业如此，爱情也不例外。

回忆风靡全球的电影《泰坦尼克号》中英俊的杰克和美丽的露丝之间的爱情，也许会让你得到一些体会和感悟。

一无所有的杰克爱上了一位富翁的未婚妻——露丝,在财富与地位面前,杰克毫不自卑。在那次晚宴上,露丝的母亲因看不起杰克,故意讥讽,问道:"三等舱的感觉怎么样?"

"太好了,没有老鼠啊!"杰克自豪地说。

"你觉得像你这样到处流浪、没有根基的生活有趣吗?"

"太好了,我虽然一无所有,却能呼吸自由的空气,享受明媚的阳光,欣赏迷人的风景,聆听大自然的音乐。前两天,我还在桥洞里过夜,今天,我居然在豪华的泰坦尼克号上和世界上最富有的人们共进晚餐,生活就是这样奇妙。生命是上帝赋予的,我不想浪费。"

杰克对生命的无限自信最终赢得了露丝的芳心,尽管这份爱情很短暂,却在大海中成为永恒。

如果我们总是不相信自己,怀疑自己,因此而停滞不前,那么失败是必然的。当这种失败被我们误认为是自己无能的证据时,自卑情绪就会加重,这种消极的思想会给我们带来源源不断的负面影响。反之,如果我们在心里一直不停地告诉自己:"我行,我一定行。"终究有一天,我们取得的哪怕是一点小小的成功,都会使我们的自信心倍增。而当我们以更大的自信去奋斗时,必然会取得更大的成就。

>>> 为自己颁奖，为自己喝彩

一个年轻的妈妈带着自己年幼的儿子在门口练习走路。当扶着妈妈的手时，小孩便大胆地往当迈步，可当妈妈把手拿开时，他便站在那儿不敢往前迈步。孩子的妈妈没有去扶他，而是蹲在前面不远处一个劲地说表扬他的话："宝宝真厉害，宝宝一定能走过来……"

过了一会儿，那小孩居然真的在妈妈的鼓励下向前迈出了小腿，晃悠悠地走了几步，然后一下子扑到母亲怀里。

"宝宝真棒。"年轻的母亲又不住地赞美着自己的儿子。孩子"咯咯"地在母亲的怀里笑着。

年轻妈妈的几句赞美的话，竟能鼓起那么小的孩子的勇气，有了妈妈的称赞与鼓励，小孩将走得越来越远，大人又何尝不是如此啊？大人又何尝不需要赞美啊？

马克·吐温说："只凭一句赞美的话，我可以多活三个月。"人人都渴望得到别人的赞美，赞美是一种肯定，一种褒奖。工作中听到领导的表扬，我们干活便特别带劲；生活中听到朋友的赞美，心情便舒畅好几天。

赞美就像照在人们心灵上的阳光,能给人以力量,没有阳光,我们就无法正常发育和成长。赞美能给人以信心,没有信心,人生的大船便无法驶向更远的港湾。

渴望得到别人的赞美毕竟不如自己赞美自己来得容易。既然我们需要赞美,既然赞美可以让我们更上一层楼,催我们奋进,那就让我们学会赞美自己吧!当自己考了个好成绩,或是写了一篇好文章,不妨赞美自己几句,为自己喝彩,为自己叫好。不!不需要说出口,不需要任何人的分享,只要一个会心的微笑,只要心灵的一点点波动,这时你就能体会到拥有成功的喜悦,这不仅是对自身的欣赏和肯定,更是对未来的追求和希望,是用自信再次扬起人生的帆船。不!这也不是自我陶醉。在飞梭似的人生里留下一丝完全属于自己的时间,不要用手去摸,不要用眼睛去看,只要用心去感触,体味一个真实的自己,成功就是自身价值的体现。只要那么一瞬间,你便可以看到前途的光明,看见世界的美好。

一个喜欢棒球的小男孩,生日时得到一副新的球棒。他激动万分地冲出屋子,大喊道:"我是世界上最好的棒球手!"他把球高高地扔向天空,举棒击球,结果没中。他毫不犹豫地第二次拿起了球,挑战似地喊道:"我是世界上最好的棒球手!"这次他打得更带劲,但又没击中,反而跌了一跤,擦破了皮。男孩第三次站了起来,再次击球。这一次准头更差,连球也丢了。他望了望球棒道："嘿，你知道吗，我是世界上最伟大的击球手！"

后来，这个男孩果然成了棒球史上罕见的神击手。

是自己的赞美给了小男孩力量，是赞美成就了小男孩的梦想。也许有一天，我们能像小男孩一样登上成功的顶峰，那时再回首今天，我们会看见通往凯旋门的大道上，除了脚印、汗水、泪水外，还有一个个驿站，那便是自己的赞美。也许有一天你会赢来无数的鲜花和掌声，但你会发现，只有自己的赞美才是最美最真实的！

因此，励志大师卡耐基认为：只有一个人能治疗你的不安，那便是你自己。适时赞美自己，可以给自己带来信心和力量，激发自己的斗志，信心百倍地迎接人生的挑战。

>>> 心中无敌,才能无敌于天下

有位名人说过:"一个人在比较了自己与别人的力量和弱点之后,如果仍然看不出差别的话,那么他将很容易被他的敌人打败。"

穆罕默德·阿里,美国职业拳击运动员,有"拳王"之称。1981年阿里告别拳坛,一年后,40岁的他被确诊患帕金森病,并出现了语言和行动上的障碍。但他永不屈服的精神鼓励他站了起来,并担当了联合国和平大使,经常拖着病体前往战乱与冲突地区,倡导和解,呼吁和平。世人在为这种精神所折服的同时,也对是什么一直支撑着阿里,让他有了无数的胜利,而后来又会战胜恐怖的病症感到惊奇。其中的疑问在阿里的自述中得到了充分的解答。

在阿里的人生信条中,一直支撑他取得胜利的是这样一句话:"我决不会失败,除非我确信自己已经失败了。"他曾经说:"我决不会失败,除非我确信自己已经失败了。我遇见一些强壮粗野的人,可我在他们面前缺少应变的技巧。他们认为他们已经打败了我。此事公之于众,发表在杂志上。我就以这种方式被打败了，在所有人的眼中失败了，可能就输在十几行不同的报纸消息上。有关我的传说表明我已负债累累，收支亏空很大，并且因此赶走了我的对手。我的家庭情况可能不太妙。我们这些人都有些病态、丑恶、卑贱，而且名声不好。我的孩子情况可能会更糟。我看来也在失信于我的朋友和顾客。这就是说，在所有经历过的对抗中，我一直未能真正武装起来，以便对付那场特殊的比赛。于是我被历史击败了。可是我知道，一直知道，我决没有输给别人，甚至都未曾打过那场比赛。当我的时刻到来之时，我一定会奋起迎战，并且击败对手。"

在无数的拳击比赛中，阿里始终把自己看做是最强大的，"只要自己相信自己会胜利，那么没有人会击败我。"这种信念在他12岁的时候已经形成。在阿里的自述中有这样一段话：

我在12岁的时候是个爱说大话的人，让父母感到很头痛。我穿着"金手套"夹克乱逛，趾高气扬，说大话，进行拳击攻防练习。当时在肯塔基州路易斯维尔，人们认为年轻黑人不应该是这样的。

那是在我去摔跤场观看戈尔热·乔治表演前后。他当时是个大人物，一位白人摔跤手，更多的时间是在摔跤场上进行表演而不是真正进行摔跤比赛。他着盛装出场，不断地拿观众打趣。"不要弄乱我漂亮的头发，我很可爱。"他一边说一边神气活现地在舞台上走过来走过去。他披着一件很大的红色斗篷，黄色的头发吹得高高的。"不要弄乱我漂亮的头发。"他反复地嚷着,观众则发出一阵阵嘘声。我当时注意到摔跤场里座无虚席。观众嘘得越厉害,他卖出去的票就越多。

我回家后更加趾高气扬,更加自吹自擂,更加爱说大话了。我可怜的父母感到更加不安了。我在对假想的对手练习拳击的时候总爱说:"我将成为最出色的拳击手。"直到现在,我自己的公司就叫G.O.A.L.公司,意思是"最出色的"公司。我在12岁时就知道我将成为最出色的拳击手。

在我的每一场业余拳击比赛中,我总是随机防守、猛击对方并最后获胜。我拍着胸脯,吹嘘自己多么出色,我一直都知道,我比戈尔热·乔治可爱得多。我还知道,我能比那个摔跤手卖出更多的票。

我并不孤独,很多同学都参加学校拳击训练,我们总是谈论谁将成为下届拳击冠军。有一位教师认为我是个说大话的人。她看不起我们,好像很讨厌我们这些自信心十足的拳击手。她根本不相信我们的潜力。我一直认为她是那种没有头脑的人。有一天,我们正在走廊里比划着拳击姿势,她走过来,眼睛直盯着我说:"你永远不会有出息的。"

17岁的时候,我在路易斯维尔戴上了金手套。第二年,我在1960年罗马奥运会上夺得金牌。我成了全世界最出色的拳击手!回家后我做的第一件事情是走进那位教师上课的教室。我问她:

"还记得你说我永远不会有出息的话吗？"

她看着我，一副吃惊的样子。

"我是世界上最出色的拳击手。"我一边说一边抓着系金牌的绸带在她面前晃动。"我是世界上最出色的拳击手。"说完就把金牌放进口袋，然后头也不回地走出那间教室。

其实，人生何尝不是如此呢？你的一生会出现无数个对手，他们会用各种方式向你挑战，但到了最后，失败的阴影往往是从自己心中开始的。只有在心中战胜自己，才能战胜对手。

Part4

唤醒心中的巨人，你远比想象中强大

　　奋战在人生路上的你，感到困难重重，难以取得成功，是因为你还没有发挥自己的潜能。我们每个人身上蕴藏着的巨大的潜能，只是由于没有进行有效的训练而长久地沉睡着。

　　如果你认定自己是一个有能力、有才华的人，那么你就会发挥出自身的一切天赋和潜能。唤醒沉睡潜能，激发无限能量，战胜一切困难，你的能量超出你的想象！

>>> 你的能量超出你的想象

人总是害怕超出自己想象的事情，认为那是不可能达到的，这样的人最终只能成为人生的输家。

事实上，人的潜力是无穷的，只要你愿意挖掘，就会发现自己能够超越原来的自己。

许多杰出人士在小小年纪时，就怀有大志，就想与众不同，无论遭遇任何磨难，仍相信自己是最好的。你是不是也有这样的信念，有屹立不倒的自信心呢？你的坚持有多强，你的自信就有多强，你的路就有多长。人往往习惯于表现自己所熟悉、所擅长的领域。但如果我们愿意回首，细细检视，将会恍然大悟：不正是那些紧锣密鼓的工作挑战，与日俱增的环境压力，在不知不觉间养成了今日的诸般能力吗？

只有不断超越自我的人，才是一个真正的强者。人生在世，每个人都有自己独特的禀性和天赋，每个人都有自己独特的实现人生价值的切入点。你只要按照自己的禀赋发展自己，不断地超越心灵的羁绊，你就不会忽略自己生命中的太阳，而湮没在他人的光辉里。

人的潜能是无限的，但是被挖掘出来的却很少，很大一部分原因是人们习惯了自己的现状，懒得去改变。只有在外界的刺激下不得不做出改变的时候，潜能才被爆发出来。

一位名叫史蒂文的美国人，他因一次意外导致双腿无法行走，已经依靠轮椅生活了20年。他觉得自己的人生没有了意义，喝酒成了他忘记愁闷和打发时间的最好方式。有一天，他从酒馆出来，照常坐轮椅回家，却碰上3个劫匪要抢他的钱包。他拼命呐喊、拼命反抗，被逼急了的劫匪竟然放火烧他的轮椅。轮椅很快燃烧起来，求生的欲望让史蒂文忘记了自己的双腿不能行走，他立即从轮椅上站起来，一口气跑了一条街。事后，史蒂文说："如果当时我不逃，就必然被烧伤，甚至被烧死。我忘了一切，一跃而起，拼命逃走。当我终于停下脚步后，才发现自己竟然会走了。"现在，史蒂文已经找到了一份工作，他身体健康，与正常人一样行走，并到处旅游。

人的潜力到底有多大，谁也说不清楚，甚至自己也看不清，所以我们习惯了自己的现状，不想做出改变，也没有想过要去做些看起来自己做不到但是经过努力却能做到的事情。然而，当我们的生命受到威胁时，求生的欲望便能战胜一切在瞬间爆发大的能量，从而战胜厄运，创造奇迹。

>>> 挖掘潜能，激发生命正能量

著名作家柯林·威尔森曾用富有激情的笔调写道："在我们的潜意识中，在靠近日常生活意识的表层的地方，有一个'过剩能量储藏箱'，存放着准备使用的能量，就好像存放在银行里个人账户中的钱一样，在我们需要使用的时候，就可以派上用场。"

如果我们在平常的日子里也能试着去挖掘自己的潜力，是不是可以比现在的自己在很多方面做得更好呢？懂得挖掘自己潜力的方法也是很重要的。

首先，最关键的因素之一是我们每个人都要学会积极归因。

当自己取得进步时，可以归功于自己的努力，这样会激发自己继续挑战自己的欲望；也可以把自己取得的进步看成是实力的体现，这样你会对自己进行以后的努力更有信心，因为你相信自己的实力。

其次，习惯往往是人们拒绝去挖掘自己潜力的一个重要因素。

它就像一个能量调节器，好习惯自发地使我们的潜能指引思维和行为朝成功的方向前进,坏习惯则反之。好习惯会激发成功所必需的潜能,坏习惯则在腐蚀有助于我们成功的潜能宝库。

人一旦习惯了安逸的环境,就变得迟钝和懒惰起来,很难看清外界的变化,当这些变化累积到足以让你的人生陷入低谷的时候,自己才恍然大悟,但是这个时候往往已经太晚了。所以,在平常要养成好的习惯,让自己主动地去挖掘自己的潜力,如可以尝试一些自己以前从未做过但是很有兴趣的事情,也许经过尝试,你会发现自己做得很好,这就相当于又找到了一条成功之路。

>>> 唤醒心中沉睡的巨人

人会有机会看到自己的潜能，比如在紧急状况的时候，发现了自己从未发现过的能力；有时读了一本富有感染力的书，或者由于朋友们的真诚鼓励，也能发现自己的潜能。如果一个人能同自己那永不败坏的高贵神性相和谐，他便能发挥自己最大的潜能，获得无上的幸福。但无论用何种方法，通过何种途径，一旦潜能被激发后，你的行为一定会大异于从前，你就会变成一个大有作为的人。

那么这种力量来源于哪里呢？当然不是来自于催眠家，催眠家的作用仅在于把被催眠者的力量从身体里激发出来了。这力量不是来自于外部，它潜伏在他自己的身体里面。

因为人体内都存在着巨大的生命潜能，所以人人都能做成不朽的事业。在人的身体和心灵里面，有一种永不堕落、永不败坏、永不腐蚀的东西，这便是潜伏着的巨大力量。而一切真实、友爱、公道与正义，也都存在于生命潜能中。

这种力量一旦被唤醒，即便在最卑微的生命中，也能像酵素一样，对身心起发酵净化作用，增强人的力量。

潜能不仅能够开发，而且能被创造。在人的身体中有一种创造的力量，作用是永远在进行的，这种创造的力量，不但创造他自己的生命，还在不断地更新生命，恢复生命。以骨折为例，无论什么时候骨头折断，经过外科手术就会使之复原。如果我们的教育注重这一方面的训练，那么自然的治疗便会弥补身心上的种种缺陷。

创造我们身体的力量，就是在每夜的睡眠中，改造更新我们身体的因素，我们身体的种种新陈代谢，也是由这种力量造成的。

一旦饮得生命的活水，就不再会感到口渴，这种源泉就可取之不尽，用之不竭。但许多人并不知道如何深入自己的意识内层，去开发和创造那些供给身体力量的源泉，因此，他们的生命往往是枯燥而毫无生气的。然而，如果我们能深入到生命潜能的深处，那么就可以寻得生命的大活泉。

所以，一个人一旦能对其潜能加以有效的运用，他就会成为一个意志非凡、永不服输的人，他的生命便永远不会陷于贫困卑微的境地，迸发出耀眼的火花。

>>> 意识不输场，人生不输阵

潜意识的作用是非常惊人的，能否充分认识和发挥潜意识的力量，乃是影响人生成败、左右事业输赢的关键因素之一。

人类大脑中的潜意识，总是不断地在相互碰撞、追逐、扰攘，那里蕴藏着无穷的宝藏，是人类创造性的源泉。如果低估了潜意识的作用，就将阻碍人类社会的进步与发展。几乎所有的发明家、艺术家，都充满了幻想和创造性，他们的成果大都是潜意识作用的结果。

有一次，意大利著名男高音歌唱家卡鲁索在演出前，突然产生了"怯场"现象。他说，由于强烈的恐慌，他的肌肉开始痉挛，喉咙也像是被什么东西给卡住了一样，几乎很难发出声音。

卡鲁索惊恐万状，因为几分钟后，他就得登台演出。他的脊梁骨开始"嗖嗖"地冒冷气，浑身冷汗不止，他说："如果我无法从容地演唱，人们就会嘲笑我，那我不是丢人了吗？"于是，熟知该如何运用潜意识的他，在后台不住地对心中那个作祟的"我"说：你快走开，别干扰我，你快让平时那个正常的"我"回来！你休想阻止我一展歌喉。他所谓的正常状态下的"我"，我们可以叫它做"大我",而阻碍他正常发挥,让他恐慌的"我",我们可以把它叫做"小我"。而所谓的"大我"就是潜意识中所具有的无穷力量与智慧。他不停地大声说:"走开,快走开!'大我'需要出场了。"

卡鲁索的潜意识作出了回应,他的体内产生了蓬勃的力量。当幕布开启时,他充满自信地走上台,嗓音刚劲有力,雄浑而满怀激情,让所有在场的观众都被他的声音所吸引。

显然,卡鲁索了解两种思维模式,"大我"与"小我"之间的关系,也就是意识思维即理性思维与影响着意识思维的非理性思维。

当你意识性思维(小我)充满恐惧、忧虑与慌乱时,你的潜意识思维(大我)就会产生消极情感,使你被惊恐、不祥、绝望的情绪所笼罩。如果出现了这样的情形,你也不要惊慌,而要平心静气,尽量保持镇定,并对自己体内的"小我"说,"你赶快闭嘴""我能控制你""你必须服从我,听我指挥""我不允许你干扰我的事情"。

对于意识与潜意识的差异,或许我们可以援引说明:意识性思维就如一艘航船的舵手或船长。它指引船只的航向,给船舱内的工作人员下达指令,使后者对于仪表、锅炉以及其他动力设备,进行相应的调控和操作。他们只有在接到指令后,才能了解船只所处的位置和前进的方向。不过,如果得到的指令存在误差或纰漏,那么,船只就可能触礁沉没。

  船长是一船之首,他的指令将决定航船的命运。同样的道理,你的意识性思维,引导着你的潜意识这艘"航船"的方向。根据你的意识性思维所下达的命令,你的潜意识将给出同一性质的回应。激活你的潜意识,焕发身心能量,将为你的人生注入源源不绝的能量。

>>> 自我暗示：生来就是一个赢家

在奋斗的过程中，要懂得发挥自我暗示的作用，要时常提醒自己："我不会输！我不会被打败！我一定能赢得人生的成功！"

所谓自我暗示，就是对自己说你现在想成为什么样的人，就像对自己做关于自己的广告。

自我暗示是设定潜意识心理活动的一种方式，自我暗示既影响你的意识，又影响你的潜意识，并进一步影响你的态度和行为。

如果我们反复进行自我暗示，我们的潜意识就会相信它，它就会成为我们要实现的预期目标，并且会在我们的行为中反映出来。

我们如何利用自我暗示消除不良习惯，形成良好习惯呢？

首先，明确我们都在无意识地使用自我暗示。

例如，当你要赶清晨的飞机时，你会自动地告诉自己必须早起，而且你肯定能早起（有时甚至没有闹钟，你也能做到这一点）。潜意识的准备使你产生某种预感。

自我暗示是安排和控制我们心理活动内容的一种方式，使对自己所说的话成为自我实现的预言。自我暗示是一个反反复复的过程。通过这一过程，我们向潜意识灌输某些积极的想法并使之变成现实。

其次，光有重复是不够的，自我暗示的过程还必须有情绪和情感相伴随。

自我暗示若没有经过视觉，结果是不会产生的。我们的头脑会拒绝自我暗示，其原因是它与我们的思想相背离，与我们的信念相抵触。成功有赖于集中精力、重复自我暗示过程的能力。

尝试着去一个不会被打扰的地方，把要暗示的内容写下来。

通过自我约束把一件已经开始的事情坚持下去，这是很有必要的。自我暗示是塑造性格的一个强有力的工具。

用现在时态列一份自我暗示的一览表。

每天至少进行两次自我暗示：把它当成每天早上的第一件事和晚上的最后一件事来做，因为在早上头脑最清醒、最有接受力，而晚上你可以把积极的图像一整夜都储存在潜意识中。

最后，连续不断地进行自我暗示，直到变成习惯。

注意！由于同已有的想法相背离，一开始的自我暗示也许不被心理所接受。

例如，过去的几十年里你一直觉得自己的记忆力很差，现在你突然对自己说："我的记忆力很棒！"你的心理会对这种暗示予以排斥，心里说："你撒谎，你的记忆力糟透了！"因为这是长期以来你对自己的记忆力的判断。所以，你需要用一段时间来消除这种想法。

记住，即使只是一点小毛病，它也算是一种坏习惯。从现在开始，尝试改变它们。

≫ 自我激励的 8 项法则

事业上的成功者，生活中的赢家，大都是掌握自我激励的人。一旦掌握自我激励，自我塑造的过程也就随即开始。以下是自我激励最关键的九种方法。

1.树立远景

迈向自我塑造的第一步，要有一个你每天早晨醒来为之奋斗的目标，它应是你人生的目标。远景必须即刻着手建立，而不要往后拖。你随时可以按自己的想法做些改变，但不能一刻没有远景。

2.迎接恐惧

世上最秘而不宣的秘密是，战胜恐惧后迎来的是某种安全有益的东西。哪怕克服的是小小的恐惧，也会增强你对创造自己生活能力的信心。如果一味想避开恐惧，它们会像疯狗一样对我们穷追不舍。此时，最可怕的莫过于双眼一闭假装它们不存在。

3.敢于竞争

竞争给了我们宝贵的经验，无论你多么出色，总会人外有人，所以你需要学会谦虚。不管在哪里，都要参与竞争，而且总要满怀快乐的心情。要明白最终超越别人远没有超越自己更重要。

4.内省

大多数人通过别人对自己的印象和看法来看自己。但是，仅凭别人的一面之词，把自己的个人形象建立在别人身上，就会面临严重束缚自己的危险。因此，只把这些溢美之词当做自己生活中的点缀，人生的棋局该由自己来摆。不要从别人身上找寻自己，应该经常自省并塑造自我。

5.走向危机

危机能激发我们竭尽全力。无视这种现象，我们往往会愚蠢地创造一种追求舒适的生活，努力设计各种越来越轻松的生活方式，使自己生活得风平浪静。当然，我们不必坐等危机或悲剧的到来，从内心挑战自我是我们生命力量的源泉。圣女贞德说过："所有战斗的胜负首先在自我的心理见分晓。"

6.敢于犯错

有时候我们不做一件事，是因为我们没有把握做好。我们感到自己状态不佳或精力不足时，往往会把必须做的事放在一边，或静等灵感的降临。你可不要这样。如果有些事你知道需要做却又提不起劲，尽管去做，不要怕犯错。给自己一点自嘲式幽默，抱一种打趣的心情来对待自己做不好的事情，一旦做起来了自会乐在其中。

7.不要害怕拒绝

不要消极接受别人的拒绝,而要积极面对。你的要求落空时,把这种拒绝当做一个问题:"自己能不能更多一点创意呢?"不要听见"不"字就打退堂鼓,应该让这种拒绝,激励你发挥更大的创造力。

8.甘做小事

塑造自我的关键是甘做小事,但必须即刻就做。塑造自我不能一蹴而就,而是一个循序渐进的过程。这儿做一点,那儿改一下,将使你的每一天都有滋有味。

>>> 做一只搏击苍穹的雄鹰

有这么一个寓言故事。

一个喜欢淘气的男孩,他的父亲有一个养鸡场。有一天,他到附近的一座山上去,发现了一个鹰巢。他从巢里偷了一只鹰蛋,带回养鸡场,把鹰蛋和鸡蛋混在一起,让母鸡来孵。小鹰就在一群小鸡里出生、长大,它从来没有想过自己除了是小鸡外还会是什么。起初它很满足,过着和鸡一样的生活。但是,当它逐渐长大的时候,它发现了与伙伴们的不同。它内心里有一种奇特不安的感觉,它想,"我一定不只是一只鸡。"但是,它一直没有采取行动。直到有一天,当小鹰看到一只老鹰翱翔在养鸡场的上空,它突然感觉到自己的双翼有一股奇异的力量,感觉到胸膛里心正猛烈地跳着。它抬头看着老鹰,一种想法出现在心中:"养鸡场不是我呆的地方,我要像它一样飞在蓝天上。"它展开双翅,虽然它从来没有飞过,但它内心有着飞翔的力量和天性。终于,它先飞到一座矮山顶上,又飞到更高的山顶上,最后冲上蓝天,到达了高山的顶峰。它终于证实,自己是一只鹰!

也许你会说:"我已经懂你的意思了。但是,它本来就是鹰，不是鸡，它才能够飞翔。而我，也许本来就是一只鸡，是一个平凡的人。因此，我从来没有期望过自己能做出什么了不起的事来。"这正是问题的所在——你从来没有期望过自己做出什么了不起的事来！这是事实，而且，这是问题严重的事实，那就是你一直没有发现、发掘并运用自己的身心潜能。

爱迪生曾经说过："如果我们做出所有我们能做的事情，我们毫无疑问地会使自己大吃一惊。"每个人都有巨大无比的潜能，只是有的人的潜能已经苏醒了，有的人的潜能却还在沉睡。任何成功者都不会是天生的，成功的根本原因是开发人的无穷无尽的潜能。只要你抱着积极的心态去开发你的潜能，你就会有用不完的能量，你的能力就会越用越强，你离成功也会越来越近。相反，如果你抱着消极心态，不去开发自己的潜能，任它沉睡，那你只有叹息命运的不公了。

无论遇到什么样的困难或危机，只要你对自己的能力抱着肯定的想法，就能发挥出积极的力量，并且因此产生有效的行动，处理和解决困难或危机，直至引导你走向成功。

自我发掘的决心，自我依靠的习惯，可以让你变得越来越强大。

>>> 在艰难的世界全力以赴

我们无论做任何事情，只是尽心尽力还远远不够，这样你最多比别人干得好一点，却无法从平庸的层次跳出来。只有竭尽全力，发挥出别人双倍的能量，你才会有优秀的表现。

学一门知识或做一件事情只满足于自己想学好做好，是学不好也做不好的。要有溺水者求生一样的强烈欲望，你才能把自身潜力发挥到极致。

一位猎人带着他的猎狗外出打猎。猎人开了一枪，打中了一只野兔的腿。猎人放狗去追。过了很长时间，狗空着嘴回来了。猎人问："兔子呢？"狗"汪汪汪"地叫了几声，主人听懂了，意思是"我已经尽心尽力了，可还是让狡猾的兔子逃脱了"。

那只野兔回到洞穴，家人问它："你伤了一条腿，那条狗又尽心尽力地追，你是怎么跑回来的？"野兔说："狗是尽心尽力，而我是竭尽全力！"

"尽心尽力"和"竭尽全力"其区别在于，让自己发挥能力和让自己的潜能充分燃烧，它们所散发出来的能量是大不一样的。

在一次英语讲座中，一位听者问讲演者："现在《疯狂英语》在各高校相当流行，你能谈谈对《疯狂英语》的看法吗？"讲演者笑着答道："《疯狂英语》我也看过，我并不想具体地评论这本书的优缺点，但是我要告诉大家《疯狂英语》好就好在'疯狂'两字上。要想学会英语，先理解'疯狂'两字，是让自己'疯狂'起来，疯狂地去学它，这样你才能有一定的收效。如果你在学习英语时能投入一股疯狂的劲，无论什么书你都一样能学好。"

无论我们做什么还是学什么，只要我们让自己的潜能燃烧起来，疯狂地去做、去学，这个世界上没有什么是我们学不会，没有什么做不成的，成功自然会向你招手。

>>> 兴趣是成功的加速器

戴尔·卡耐基曾经说:"对自己的工作感兴趣,可以将你的思想从忧虑中移开,最后还可能带来晋升和加薪。即使不能这样,也可以把疲乏减至最低,并帮助你享受自己的闲暇时光。"

兴趣是最好的老师,成功的秘诀就是要做自己喜欢做的事。做自己喜欢做的事,能够让自己充满热情,使自己更加充实,增进整体生命的品质。只有饱含热情、心情愉快地工作,才不会有疲惫感,因为愉快、欢笑可以解除紧张与疲劳。

兴趣不仅可以让人感到工作的快乐,减轻疲惫感,兴趣也是事业成功的助推剂。人生的快乐莫过于在工作上取得成就,而最大的快乐莫过于在自己喜欢的工作上取得成就。当一个人为自己感兴趣的事情而付出、而不顾一切时,他获得成功的机会更大。从来没有听说过一个人在自己不喜欢的领域做出什么惊天动地的成绩的。正如华德·迪士尼所说:"一个人除非做自己喜欢的事,否则就很难有所成就,要想快乐也就更难。"

美国内华达州的一所中学曾经在入学考试时出过这样一道题目:比尔·盖茨的办公桌上有五只带锁的抽屉,里面分别装着财富、兴趣、幸福、荣誉、成功。比尔·盖茨总是只带一把钥匙,而把其他的四把锁在抽屉里,请问:他每次只带哪一把钥匙?其他的四把锁在哪一只或哪几只抽屉里面?有一位聪明的同学在美国麦迪逊中学的网页上面看到了比尔·盖茨给该校的回信,信上写着这样一句话:"在你最感兴趣的事物上,隐藏着你人生的秘密。"无疑,这便是问题的正确答案。

做自己喜欢做的事,能使人忘却悲哀和劳累,获得平和充实的幸福感;做自己喜欢做的事,是迈入成功殿堂的捷径,是成功的加速器。

>>> 进取心推动你从弱者变强者

爱因斯坦说:"我对于那些刚刚走上社会的年轻人的建议是,开始时就要有坚定的进取心和明确的目标,除非业已实现,否则绝不要轻易放弃。"

当缺乏内在动力的时候,我们不会自觉地做任何事情。一个人的成长在很大程度上都依赖于对未来目标的追求所带来的激励。可以说,人的每一次行动都需要一定的激励。而对一个普通人来说,生命中最大的推动力往往取决于他们为了实现目标而带来的进取心。

进取心包括你对自己的评价和你对未来的期望。你必须高屋建瓴地看待自己,否则,你就永远突不破你为自己设定的限度。你必须幻想自己能跳得更高,能达到更高的目标,以督促自己努力得到它;否则,你永远也不能达到。如果你的态度是消极而狭隘的,那么,与之对应的就是平庸的人生。不要怀疑自己有实现目标的能力,否则,就会削弱自己的决心。只要你在憧憬着未来,就有一种动力驱使你勇往直前。

如果你不好好地利用机会向上爬,你一定会抱怨运气不佳。

而且，你往往还感到奇怪，为什么其他人升迁得那么快。记住，如果你有足够的进取心并付之于坚韧的努力，你就一定会成为成大事者。如果你没有这样的进取心，那么，你也许会看到那些条件不如你，但有着更大进取心的人走到你前面去了。

进取心这种内在的推动力是我们生命中最神奇和最有趣的东西。所有来自社会底层的成大事者都有着相似的经历，他们在自己前进的道路上都受到内心力量的有力牵引，几乎无法抗拒，这就是进取心所带来的力量。

对于北极的幻想使探险家罗伯特·皮里树立了征服地球极点的目标。进取的力量将亚伯拉罕·林肯从小木屋推向了白宫。同样，坚定的进取心使得年轻的本杰明·狄斯累利从英国的下层社会奋斗到上层社会，直到最后成为英国的首相，这一成就的取得当然来源于坚定的进取心和明确的目标。

进取心存在于每个人身上，就像自我保护的本能一样明显。在这种求胜的本能的驱使下，我们走进了人生的赛场。所以，请用进取的心态取代自我设限，请你牢记：进取的力量在于，它能使你战胜挫折，从弱者变成强者！

Part5
永远不要找他人要安全感

渴望得到他人的认可？期盼他人的尊重，在乎别人的眼光、世俗的观念？总是以别人的标准和外在的观念来衡量自己，就会迷失了自己，黯淡了本色，输掉了自己。

别让自己输在与别人的比较上，别一味地向他人寻求认可。你想要的安全感、价值感只能由自己给。世界与别人无关，做自己就对。不管别人怎么评价，都要活得像自己，以自己喜欢的方式过一生。

>>> 你的人生没有那么多观众

如果你追求的幸福处处参照他人的模式，那么你的一生都会悲惨地活在他人的价值观里，你的人生就输给了别人。

生活中的我们常常很在意自己在别人的眼里究竟是什么样的形象，因此，为了给他人留下一个比较好的印象，我们总是事事都要争取做得最好，时时都要显得比别人高明。在这种心理的驱使下，人们往往把自己推上一个永不停歇的痛苦的人生轨道上。

下面的这则寓言也许很能说明问题，因为幸福无须寻求他人的认可。

一只大猫看到一只小猫在追逐它自己的尾巴，于是问："你为什么要追逐你自己的尾巴呢？"小猫回答说："我了解到，对一只猫来说，最好的东西便是幸福，而幸福就是我的尾巴。因此，我追逐我的尾巴，一旦我追逐到了它，我就会拥有幸福。"大猫说："我的孩子，我曾经也认为幸福在尾巴上。但是，我注意到，无论我什么时候去追逐，它总是逃离我，但当我从事我的事业时，无论我去哪里，它似乎都会跟在我后面。"

获得幸福的最有效的方式就是不为别人而活，就是避免去追逐它，就是不向每个人去要求它。通过和你自己紧紧相连，通过把你积极的自我形象当做你的顾问，通过这些，你就能得到更多的认可。

当然，你绝不可能让每个人都同意或认可你所做的每一件事，但是，一旦你认为自己有价值，值得重视，那么，即使你没有得到他人的认可，你也绝不会感到沮丧。因为你知道只有按照自己的方式生活，努力追随心中的梦想，最终才能赢得人生的成功。

>>> 永远不要期望别人给你安全感

人从来没有停止过对自我的追寻。正因为如此,人常常迷失自我,很容易受到周围信息的暗示,并把他人的言行作为自己行动的参照,"从众"现象便是典型的证明。

事实上,人在生活中无时无刻不受到他人的影响和暗示。比如,在公共汽车上,你会发现这样一种现象:一个人张大嘴打了个哈欠,他周围会有几个人也忍不住打起了哈欠。有些人不打哈欠是因为他们受暗示性不强。哪些人受暗示性强呢?可以通过一个简单的测试检查出来。让一个人水平伸出双手,掌心朝上,闭上双眼。告诉他现在他的左手上系了一个氢气球,并且不断向上飘;他的右手上绑了一块大石头,向下坠。三分钟以后,看他双手之间的差距,距离越大,则受暗示性越强。

曾经有心理学家用一段笼统的、几乎适用于任何人的话让大学生判断是否适合自己,结果,绝大多数大学生认为这段话将自己刻画得细致入微、准确至极。下面一段话是心理学家使用的材料,你觉得是否也适合你呢?

"你很需要别人喜欢并尊重你;你有自我批判的倾向;你

有许多可以成为你优势的能力没有发挥出来，同时你也有一些缺点，只是你不容易克服它们；你与异性交往有些困难，尽管外表上显得很从容，其实你内心焦急不安；你有时怀疑自己所作的决定或所做的事是否正确；你羡慕别人的生活，期望自己的生活有些变化；你以自己能独立思考而自豪，如果别人不采纳你的建议你就会气闷。你认为在别人面前过于坦率地表露自己是不明智的；你有时外向、亲切、好交际，而有时则内向、谨慎、沉默；你的有些抱负往往很不现实。"

这其实是一顶套在谁头上都合适的帽子。

很多人请教过算命先生后都认为算命先生说得"很准"。其实，那些求助算命的人本身就有易受暗示的特点。当人的情绪处于低落、失意的时候，对生活失去控制感，于是，安全感也受到影响。一个缺乏安全感的人，心理的依赖性也大大增强，受暗示性就比平时更强了。加上算命先生善于揣摩人的内心感受，稍微能够理解求助者的感受，求助者立刻会感到一种精神安慰。算命先生接下来再说一段一般的、无关痛痒的话，便会使求助者深信不疑。

你也有从众心理吗？你是否也迷迷糊糊地将独特的自己丢掉了？

>>> 要引领潮流,而不是追随潮流

年轻人或涉世未深的人,常常会害怕自己与众不同……无论是穿着、行动、言谈或思考模式,都尽量与自己所属圈子中的其他人保持一致。小孩喜欢与同年龄人做相同的事,他们很在乎朋友或玩伴对自己的看法。他们需要被自己的同伴接受——这是他存在的最重要证据。当我们身处不熟悉的环境,又没有过往的经验可以参考的时候,最好的方法便是顺应一般人的标准——直到我们自己的经验和信心足以给我们力量,然后才能照着自己的信念和标准去做。

但是,就算是基本原则也有受到考验的时候。尤其是一些不随波逐流的人会提出要进行改革——这便是文明进步的动力。

要想不随波逐流也并不容易,至少不是件愉快的事。有时,甚至还有危险性。大部分的人宁愿顺应环境,躲在人群当中接受保护,对各种统治者的领导毫不质疑或提出反对——他们不敢做与众不同的事。但是,他们并没有体认到,这种安全其实是虚伪的。大众心理其实最脆弱,最容易被牵着鼻子走。像追求安全感一样,人们顺应环境,往往最后变成了环境的奴隶。

其实，生活中很多人到了十六七岁的时候，也还不曾自己独立自主思考过。自那以后，虽然也变得稍微懂得一点思考，但是所想的却都是一些鸡毛蒜皮的事。只是在一个劲儿囫囵吞枣地吸收着所读的书的内容，对于朋友们所说的话，也不斟酌是否正确，就一味地接受。与其费尽周折地去追究有真实意义的东西，倒不如随大流来得省事，这就是很多人懒得思考的原因。这样，当发现自己拥有判断力时，已经被偏见误导了。虽然自己并未察觉，但是却养成了错误的思考习惯，它已取代了对于真理的追求。

"要是我早点开始用自己的判断就好了！"这是很多人到了一定年龄后的感叹。为了避免将来后悔，最好及早开始。当然，人的判断力不可能永远正确，偶尔也有失误的时候。不过，以失误最少者为指针，则是不变的方法。能够弥补这种失误的，就是看书和与人交往。

可是，也不能过于相信这两者而囫囵吞枣。因为，这两者终究只是上天赋予人的判断力之补益。而良好的判断力主要来自人的独立、深入的思考能力。

当一个人立志自我思考，并开始尝试时，对事物的看法就会有惊人的改变。与过去用别人教的想法去看事情，以及把抽象的幻觉误当做真实的事物比起来，此时我们对任何事物的看法都显得井然有序。

普林斯顿大学前校长哈洛·达斯在1955年的学生毕业典礼上,以"成为独立个体的重要性"为题发表演说,指出:"人们只有在找到自我的时候,才会明白自己为什么会到这个世界上来、要做些什么事、以后又要到什么地方去等这类问题。"盲从会磨灭自己的个性、扼杀自己的潜能。我们应该做的是:保持自己的真面目。

>>> 茫然时倾听自己的心声

生活中你是否有过这样的经历：当你认定自己表现非常出色的时候，如果有人在这时候肯定你的行为，你会相当满足；但是如果这时候所有的人都说你做得并不好，你在沮丧的同时，是不是也会随之否定自己呢？人具有一种先天的趋同心理，即使是无聊的事，如果大家一起去做，人们就忘了事情本身的无聊，反倒会觉得有意思。因此，我们往往不害怕自己错了，而是深深地害怕只是自己一个人错了，也就是"高处不胜寒"。

在成千上万的人一起走向毁灭的时候，每个人并不需要多大的勇气就可以走下去。当初希特勒站在他的士兵们面前说"为我们的民族而战"的时候，那些摩拳擦掌的人其实并不是勇士，真正的勇士是敢大声说"我不想去"的那个人，因为这需要的是不可估量的勇气。

《皇帝的新装》里的故事如果现在就发生在我们的身边，假如至高无上的皇帝身上真的就是一丝不挂，而在场的所有的人都在啧啧地称赞皇帝的新装是如何的美丽，那么这时候，你敢大声地说出真相："皇帝其实并没有穿衣服，皇帝是光着身子的！"

你敢吗？你有那么大的勇气吗？一个小孩子这样做了，他大声地说出了真相。因为小孩子是纯真的，在观看外界的时候，他能够睁开自己的眼睛，因为纯真而无所畏惧。

我们在生活中往往有一些错误的心理定势，比如我们的为人处世，经常会按照别人的反映来作决断，而不是按照自己的意愿去行动。尤其是在向"成功""幸福"跋涉的路上，一切似乎都已经有了约定俗成的标准。

弗洛伊德说："简直不可能不得出这样的印象：人们常常运用错误的判断标准为自己追求权力、成功和财富，并羡慕别人拥有这些东西。他们低估了生活的真正价值。"

爱默生说道："在每一个人的受教育过程中，他一定会在某个时期发现：羡慕就是无知，模仿就是自杀，不论好坏，必须保持自我本色。虽然，广大的宇宙之间充满了好的东西，可是如果他耕作那一块不适合他耕作的土地，那么，他绝对不会有好的收成。他所有的能力，是自然界的一种新能力。除了他之外，没有人知道他能做出些什么，他能知道些什么，而这些是他必须去尝试求取的。"

因此，一个人要能够做到在任何时刻正视自己的心灵，抛开世俗世界的声音，只倾听自己的心声。这样，他就不会迷失自我，就不会输给别人，就能够主宰自己的人生。

>>> 不必讨好他人，只需做你自己

与你完全相同的人，这世界上没有。偶尔会有外貌上极其相似的人，但是，却不会分毫不差地完全一模一样。正如专家们所指出的："从遗传角度看，同一人物根本不可能在人类历史上第二次出现。"你就是你，在你之前在你之后，不存在第二个你。从这个意义上看，你的确是一个无可替代的存在体。

人类是大自然经过漫长的运作而造就的宇宙间最为高级的杰作之一，确实是一种神秘的存在物。人与人的长处或个性等等各不相同，这几乎令人难以置信。你或许并不拥有其他人的长处或者个性，不过，反过来你必定拥有只属于你自己的长处或者个性，其他人则不会拥有属于你的长处或者个性，你的才能、素质以及能力等等，在地球上乃至整个宇宙间，只属于你一个人独有。

所以，你不要拿自己与他人相比较。尤其，与其他人相比而产生自卑感等等的情形，更是荒唐可笑。原本就不一样的东西怎么能够进行比较呢？为实现自我价值，为取得成功，你必须发挥你的长处以及个性。因此，最重要的是全力投身于自己兴趣十足

的事业中。

　　不少在其从事的工作中到达巅峰并取得举世瞩目的成就的人，都曾经有过一段被别人贬斥的经历。例如，被人家认定："你根本不行""你能有什么才能？""得了吧，做下去有什么结果？"等等，备尝打击的苦涩。假如他们接受别人的这种评估而放弃努力，那决不会拥有灿烂的成功光环。但是，他们面对这样那样的贬低毫不动摇，始终坚定不移地向着既定目标努力。在苦难中奋力向前跋涉，终于走向了成功。

　　人在痛苦、绝望的边缘，根本不会想到自己将来会走向成功，走向幸福。但是，即使是在最恶劣的处境中，成功与幸福的可能性依旧深深地、静谧地隐藏在你的体内。

　　即使是一个卓绝超群的人，也没有谁能够凭借火眼金睛断言你将来是否会成功。所以，不必在意周围人的闲言碎语，你只要沿着自己认定的道路全力向前挺进，那么在道路的尽头，成功正等待你。

>>> 坚信自己是世界上独一无二的

每个人在一生之中，或多或少总会有怀疑自己或自觉不如人的时候。其实，这些人的问题就在于太喜欢拿自己和别人做比较了。

你就是你自己，压根儿不需要拿自己和任何其他人做比较。你不比任何人差，也不比任何人好。造物者在造人的时候，使每个人都是独一无二的。你不必拿自己和其他人做比较来决定自己是否成功，应该是拿自己的成就和能力来决定自己是否成功。

许多人喜欢看NBA的夏洛特黄蜂队打球，尤其特别喜欢看1号博格士上场打球。博格士身高只有1.60米，在东方人里也算矮子，更不用说即使身高2米都嫌矮的NBA了。

博格士不仅是NBA里最矮的球员，也是NBA有史以来破纪录的矮子。但这个矮子可不简单，他是NBA表现最杰出、失误最少的后卫之一，不仅控球一流，远投精准，甚至在高个队员中带球上篮也毫无所惧。

每次博格士都像一只小黄蜂一样，满场飞奔，引起无数的球迷观众忍不住赞叹。其实他不只安慰了天下身材矮小而酷爱篮球者的心灵，也鼓舞了平凡人内在的意志。

博格士是不是天生的好手呢？当然不是，而是意志与苦练的结果。

博格士从小就长得特别矮小，但他非常热爱篮球，几乎天天都和同伴在篮球场上玩耍。当时他就梦想有一天可以去打NBA，因为NBA的球员不只是待遇奇高，而且享有风光的社会评价，是所有爱打篮球的美国少年最向往的梦。

每次博格士告诉他的同伴："我长大后要去打NBA。"所有听到他的话的人都忍不住哈哈大笑，甚至有人笑倒在地上，因为他们"认定"一个1.60米的矮子是绝不可能打NBA的。

他们的嘲笑并没有阻断博格士的志向，他用比一般高个子的人多几倍的时间练球，终于成为全能的篮球运动员，也成为最佳的控球后卫。他充分利用自己矮小的优势：行动灵活迅速，像一颗子弹一样；运球的重心偏低，不会失误；个子小不引人注意，投球常常得手。

要想取得事业成功、生活幸福，重要的是拥有积极的心态，敢于对自己说："我坚信自己是世界上独一无二的人！"

>>> 有棱角才不会被压扁

在传统教育中,常以安分守己为美德,以不争为高尚,以争斗为可耻,因此我们就会从思想上失去了进行争斗的勇气。误以为不争不斗是获得利益的最好方式,最安全、最可靠也最合理。

然而,天下没有免费的午餐,乞望别人把饭端到面前只是一厢情愿。人与人之间的交往是一个互相适应的过程,在这个过程中,不能过于软弱,缺少个性。软弱的东西总是容易被压扁,丧失基本的生存空间。没有个性,就会成为默默无闻的平庸者。

多尼是一家公司的销售代表,他的上司对多尼近来的营销状况极不满意,当着众同事的面,甩出一沓报表,把多尼臭骂了一顿。但责任并不在多尼身上,问题出在广告宣传上。多尼有许多委屈,但不便马上反驳,否则将是火上浇油。他把上司的意见记在笔记本上。待上司情绪平稳后对上司说:我对公司的销售有几点建议。多尼先肯定了营销工作确实有待改进,然后提出对广告宣传的意见。上司听他侃侃而谈,十分重视,随即招来广告部负责人与多尼一起共商对策,公司的销售状况很快好转了。

凯瑞是多尼的同事,见上司喜欢差遣多尼,心有不服,便时常找碴儿针锋相对。多尼采取的态度是不卑不亢，平时十分注意把与之相关的工作处理得当，让凯瑞无话可说。当凯瑞不识趣非要恶言相向时，多尼仍不愠不火。等到单独相处时，多尼正色道："竞争是争业绩不是争是非，我忍让你一次但不会忍让多次，如果你实在不服，咱们可以请上司来评理。"凯瑞见多尼不好惹，从此便不再找多尼的麻烦。

我们一定要坚持确立自己待人处世的原则，并严格按照原则去坚守。当受到不公平的待遇时，要有勇气抗议，这种抗议必须有气势，不必得理不饶人，但要充分表达立场。让自己表现得有些"棱角"。有棱角才不会被压扁。

我们在生活中不要过于压抑自己的个性和欲望，适度伸张个性和欲望，这样不但会让我们生活得更幸福，也会让别人觉得你更有魅力。

>>> 不可有傲气，但不可无傲骨

你可以不在乎别人的眼光，但是你不能让别人看不起你；你可以不在乎自己的名利，但是你不能忘记自己的价值。活着就要让别人看得起，更要让自己看得起。这被称为生命的尊严。

一个人的尊严是生命和灵魂的骨架，一个人一旦失去了尊严，他所剩下的也只是一副躯壳。

尊严是无价的，它不仅仅代表着个人，也代表着一个人所在民族和国家的自尊和信仰；它更是人生这个战场上攻无不克、战无不胜的最有力的武器。

亨利从小在福利院里长大，身材矮小，长相也不漂亮，讲话又带着浓厚的法国乡下口音，所以他一直很瞧不起自己，认为自己是一个既丑又笨的乡巴佬，连最普通的工作都不敢去应聘，没有工作，也没有家。这天是他30岁生日，可他站在河边发呆，不知道自己是否还有活下去的必要。

就在亨利徘徊于生死之间的时候，与他一起在福利院长大的好朋友约翰兴冲冲地跑过来对他说："亨利，告诉你一个好消息！"

"好消息从来就不属于我。"亨利一脸悲戚。

"不,我刚刚从收音机里听到一则消息,拿破仑曾经丢失了一个孙子。播音员描述的相貌特征,与你丝毫不差!"

"真的吗,我竟然是拿破仑的孙子?"亨利一下子精神大振。联想到爷爷曾经以矮小的身材指挥着千军万马,用带着泥土芳香的法语发出威严的命令,他顿感自己矮小的身材充满力量,讲话时的法国口音也带着几分高贵和威严。

第二天一大早,亨利便满怀自信地来到一家大公司应聘。

20年后,已成为这家大公司总裁的亨利,查证出自己并非拿破仑的孙子,但这早已不重要了。

所以,无论我们身处什么环境,都不能主动把自己贬值,认清自己的价值,学会了解自我的人,才懂得驾驭自己,赢得尊严。

我们活在世上,不能没有做人的尊严,不能不顾及自己的身份和名誉,不能让强烈的虚荣心占据自己。正如徐悲鸿所说:"人不可有傲气,但不可无傲骨。"设定了自己的做人原则,就不要理会别人的冷嘲热讽。

>>> 走自己的路，让别人去说吧

"走自己的路，让别人去说吧！"这是但丁的名言。然而，在现实生活中，要这样做需要很大的勇气，有时还要付出代价。

贝多芬学拉小提琴时，技术并不高明，他宁可拉自己作的曲子，也不肯做技巧上的改善，于是他的老师说他绝不是个当作曲家的料。

达尔文当年决定放弃行医时，遭到父亲的斥责："你放着正经事不干，整天只管打猎、捉狗、捉耗子。"另外，达尔文在自传中透露："小时候，所有的老师和长辈都认为我资质平庸，我与聪明是沾不上边的。"

爱因斯坦3岁才会说话，7岁才会认字。老师给他的评语是："反应迟钝，不合群，满脑袋不切实际的幻想。"甚至曾遭遇退学的命运。

罗丹的父亲曾怨叹自己有个白痴儿子，在众人眼中，他曾是个前途无"亮"的学生。

托尔斯泰读大学时因成绩太差而被劝退学。老师认为他："既没读书的头脑，又缺乏学习的兴趣。"

如果这些人不是"走自己的路",而是被别人的评论所左右,那么他们就会输掉自己的人生,又怎么能取得举世瞩目的成绩?

人总喜欢把自己的幸福和价值统统都建立在别人认可的基础上。长期以来,我们已经养成了一种说话办事总要得到别人肯定或赞许的习惯,于是,我们失去了主见。成功需要肯定自己,并坚持自己的立场。所以,我们在遇到任何事情时,都要用正确的思维方式,不要完全相信你听到的、看到的一切,也不要因为他人的批评和鄙视而轻视自己,只有这样,在任何情况下,你才不会迷失方向,才不会受他人的操纵。

人应当有自己做人的原则,有自己的为人处世之道,有自己的生活方式。生活中不必太在意别人的看法,不能为别人的一席话而改变自己。走自己的路,让别人去说吧,努力地去实现自我,喊出属于自己的声音,才能走出属于自己的道路。

>>> 以自己喜欢的方式过一生

不服输的人从来不会按照别人的模式来设计自己的生活，而是追随自己的信仰，努力活出属于自己的非凡人生。

我们的人生是为自己而活的，没有人有权利剥夺我们个人的价值和快乐。珍惜自己，就要把每一天都活得精彩，不要让自己委屈在别人的阴影中。人生可以学习，但是人生不可以复制，我们谁也不是谁的替代品，选择快乐的生活，活出自己的特色，让每一天都活得充实而有价值。

生命可贵。许多年来，我们都是碌碌地走过，模仿着他人的脚步和路线，在镜子中寻找不到自己的形象。事实上，我们不是任何人的替代品，我们每一个人都是一幅美丽的风景，活出自我才不枉在人世走一圈。

每一个人都有适合自己的鞋子，如果非得去套别人的鞋子，那不但不舒服，反而会挤坏我们的脚。穿自己的鞋，走自己的路，活出自己的人生。

对于人生而言，每一个年龄段都有每一个年龄段的精彩：10岁的单纯，20岁的活力，30岁的奋斗，40岁的稳重，50岁的知天命，60岁的人生感悟，等等，我们没必要站在20岁去羡慕他人的40岁，更没有必要站在40岁去慨叹青春已逝。何必去羡慕别人呢？站在当前，就要活出当前的精彩，那样生命才没有遗憾。

对于个性，我们无法下结论说，什么样的个性一定好，什么样的个性一定差。但对于一个人，一定要有个性。没有个性或者太过平庸的个性都不能有所建树，因为这样的人，不能把自己独特品格表现出来，因而也就没有任何过人之处。与此相反，个性鲜明的人，往往有所专长，成就不凡的事业。

生命是上天赐予我们的财富，我们应该好好利用生命的每一天。相信我们每一个人都是独一无二的，我们不应该总活在他人的影子里，观看他人的风景而忘记了自己的步伐。过去的时间我们已经无法挽留，我们只能是好好珍惜未来的每一天。每一个人的先天条件都是不一样的，不要刻意去模仿别人，而应寻找自己的价值，活出自己的风采。

Part6
如果不经受折磨，成功就不会破茧而出

没有破茧的痛苦，就不能成长为美丽的蝴蝶。不经千锤百炼的磨砺，就难以获得真正的成长。风雨过后现彩虹，辉煌成就都是经过逆境的磨砺得来的。

谁没在青春的路口彷徨过？谁没在人生的路途走岔过？走过弯路也好，受过疼痛也罢，既然我们已经付出了血汗，那就让我们在血汗中变得更强大。

>>> 人生低潮时历练心智

由俭入奢易，由奢入俭难。同样道理，由低势到高位，面对鲜花，面对掌声，面对显赫，你自然感觉不到因为环境巨变而带来的不适应感，然而要是突然失势了，由高势落入了低势，奉承没了，笑容没了，优势没了，往日那些所谓的朋友突然也都不再是朋友了，这时候的你会突然认识到人间冷暖，突然感到无所适从，这些突然的变化或许会让你招架不住，倒塌下去。

失势大多表现为一种社会位置的降低，这种社会位置的降低往往会带动心理高度的降低，一旦心理高度降低了，很可能会带来不良情绪，比如失去自信、郁郁寡欢等，这些不良情绪将很大程度上影响个人今后的发展。失势带来了消极，消极带来了再一步的失势，再一步的失势导致了更消极，这样的恶性循环可能最终导致人的彻底崩溃。

失势并不可怕，可怕的是失势后的认命。有的人失势以后，终日郁郁寡欢，完全丧失了斗志，或者成了一个"盲人"，看不到现实中的落寞，仅仅是幻想着昨日的繁荣重新回来，却不付出一丝一毫的努力。

我们应正确看待人生变化的曲线，正确看待这种失势现象。人生不可能是一条一成不变的直线，相反它是一条上下波动的曲线，时而高，时而低，才尽显人生百态，尽显酸甜苦辣。所以，高势和低势都是人生的一种状态，我们虽然一直在追求高势，也钟情于高势给我们带来的快感，但是幻想人生一直处于高势不过是我们每一个人的美好愿望罢了，任何一个人也不可能永远高高在上。能够坦然地接受这种人生曲线变化，坦然地面对失势或得势，才是一个心智成熟的人的表现。

有时候，失势反而让你更加深刻地看到事情的本质，看到人性的善恶，体会到人间冷暖。失势让你重新认识到哪些人才是真正的朋友，哪些事值得你重新去做，哪些弱点你应该克服，哪些优点你应该加以利用。如此说来，失势反而让你更加清楚地理解了人生，看清了自己。虽然说高势美好，可是当失势真的到来的时候，我们既然没有能力阻止，只能坦然地接受，或许它真实的面目也是上帝赐予你的一个礼物。

智者面对失势不动气，而是能够微笑着正视现状，能够坚强地接受冷漠，同时也努力地改变着这种局面，争取在最短的时间内扭转自己的弱势，重新实现辉煌。

>>> 在挫折这所大学中锤炼

生活中有太多的磨难，也许你此刻正在抱怨上帝对他人的偏爱，命运对自己的不公，那么下面这个故事将让你停止一切无谓的抱怨，至少可以让你不再怨天尤人。

1864年9月3日这天，突然爆发的一连串震耳欲聋的巨响打破了斯德哥尔摩市郊的宁静。滚滚的浓烟霎时间冲上天空，一股股火苗直往上蹿。

当惊恐的人们赶到出事现场时，只见原来屹立在这里的一座工厂已荡然无存，无情的大火吞没了一切。火场旁边，站着一位30多岁的年轻人，突如其来的惨祸和过度的刺激已使他面无血色，浑身不住地颤抖着——这个大难不死的青年就是后来流芳百世的大化学家诺贝尔。

诺贝尔眼睁睁地看着自己所创建的硝化甘油炸药的实验工厂化为灰烬。人们从瓦砾中找出了5具尸体，其中一个是他正在大学读书的活泼可爱的小弟弟，另外4人也是和他朝夕相处的亲密的助手。

诺贝尔的母亲得知小儿子惨死的噩耗，悲痛欲绝。年老的父亲因受刺激过大引起脑溢血，从此半身瘫痪。然而，诺贝尔在失败和巨大的痛苦面前却没有动摇。

惨案发生后，警察立即封锁了出事现场，并严禁诺贝尔恢复自己的工厂。人们像躲避瘟神一样避开他，再也没有人愿意出租土地让他进行如此危险的实验。

这一连串挫折并没有使诺贝尔退缩。几天以后，人们发现，在远离市区的马拉伦湖上出现了一只巨大的平底驳船。驳船上并没有什么货物，而是摆满了各种设备，一个青年正全神贯注地进行一项神秘的试验。他就是在大爆炸后被当地居民赶走了的诺贝尔！

经过多次试验，诺贝尔发明了雷管，接着他又在德国的汉堡等地建立了炸药公司。一时间，诺贝尔生产的炸药成了抢手货，源源不断的订货单从世界各地纷至沓来，诺贝尔的财富与日俱增。

面对接踵而至的灾难和困境，诺贝尔没有被吓倒，没有被压垮，在奋斗的路上，他已习惯了与死神朝夕相伴。他以挫折为友，以失败为师，不断总结经验教训，最终把挫折和失败踩在了自己的脚下，用自己最后的成功证明了自己坚忍不拔的意志和勇气，实现了自己梦想。

把挫折当做一所学校，把逆境看成是最好的营养品，敢于为自己冒一次险，结果可能就是你抓住了机遇，营造了生命的又一个春天。

我们无法决定今天将要发生什么,但是我们可以选择用什么样的态度去面对。

勇于接受挫折的打击,经受挫折的洗礼,命运之神就会光顾你。

>>> 经受命运的暴风雨洗礼

有人曾问一位著名的艺术家，师从他习画的那个青年爱徒将来会不会成为一个大画家？他回答说："不，永远不！他每年都有不菲的进款。"这位艺术家知道，人的才艺只能从艰苦奋斗中锻炼出来。

翻开历史就可以知道，大多数成功的人，早年往往是贫苦的孩子。

"不幸而生为富家之子的人，他们的不幸，是因为他们从开始就背负着包袱而赛跑的。"卡耐基说，"大多数的富家之子，总是不能抵抗财富所加于他们的试探，因而陷入不幸的生命中。这些人不是那些穷苦的孩子的敌手；对于这些小老板，你们'穷苦的孩子'毋须害怕。但你们应当注意那些比你们还苦得多，甚至他们的父母不能给予他们以任何学校教育的孩子，一旦他们在事业上挑战你们，就有可能最终超越你们。应该注意着那些走出小学就得投身工作，而所做的又只是擦地板之类的工作的孩子，一鸣惊人而得到最后胜利的，往往都是这类人。"

为了脱离贫困的境地而奋斗，这种努力，最能造就人才。假使世人都是一生之中不为需要而强迫着去做工，人类文明恐怕直到现在仍处在很幼稚的阶段。

成功的人，大多是从困境与挫折的学校中训练出来的。大商人、大学校长、教授、发明家、科学家、实业家、政治家、大多是为需要之鞭棍所驱策而向前，为想要改善自己的地位的愿望而导引向上。

能力是抗拒困难的结果，伟人都是从同困难的角斗中产生出来的。不愿同艰难挫折拼搏而要想锻炼出能耐来，是不可能的。

一个感觉到自我生活良好的幸运青年，将会对他自己这样说："我拥有的金钱已够我这一世的受用了，我又何必要清早起来勤劳工作呢？"于是一个翻身他又呼呼地睡着了。而就在这个时候，另一个青年，一个除了他自己，在茫茫的世界中无可依赖的青年，会因需要的驱策而被迫离开床铺，从事劳动。他明白，除了奋斗以外，他别无出路，他不能依赖任何人，没有人能帮助他。他知道这是他的生死存亡的问题。

因此，一个生长于奢侈之中的青年，时常依附于他人而无须用自己的努力挣饭吃的青年，自小被溺爱惯的青年，是罕见具有大本领的。富家子弟与他人相比，往往会像林中的一棵弱树苗同一棵每一寸树干的长大，都要饱受暴风骤雨吹打的高大的松树相比一样。

从贫困中挣脱出来——假使能诚实地良好地做到——是可以锻炼与造就伟人的。

>>> 感恩是强者歌唱生命的方式

人们一想起霍金，眼前就会浮现出这位科学大师那深邃的目光和灿烂的笑容。世人推崇霍金，不仅仅因为他是智慧的英雄，更因为他是一位人生的斗士。

在一次学术报告结束之际，一位年轻的女记者走上讲坛，对这位已在轮椅上生活了30多年的科学巨匠，深深敬仰之余，又不无悲悯地问："霍金先生，卢枷雷病已将你永远固定在轮椅上，你不认为命运让你失去太多了吗？"

这个问题显然有些突兀和尖锐，报告厅内顿时鸦雀无声，一片静谧。

霍金的脸庞却依然充满恬静的微笑，他用还能活动的手指，艰难地叩击键盘。于是，随着合成器发出的标准伦敦音，宽大的投影屏上缓慢而醒目地显示出如下一段文字：

我的手指还能活动，

我的大脑还能思维；

我有终生追求的理想，

有我爱的和爱我的亲人和朋友；

对了，我还有一颗感恩的心……

生活就是这样，你对它笑，它也对你笑；你对它哭，它也会对你哭。

只要有了一颗感恩的心，你就会受益终生。这样你会觉得你所拥有的就是最好的，不在乎你的得失与成败。在你的眼中只有欢乐，没有忧伤和不幸，这才是人生所能达到的最高境界。心存一颗感恩的心，即使在生命僵死之处，也会有清泉涌出。

如果我们不是每年过一个感恩节即完事大吉，而是在一年中持续保持感恩的心态，那么，这将成为我们创造更好生活的强大力量。

在这个世界上，你要感恩的事情会越来越多，你所认为理所当然的事情会越来越少。感谢所有曾经帮助过你的人，感谢你身边所有的人。感激伤害你的人，因为他磨炼了你的心态；感激欺骗你的人，因为他增进了你的见识；感激鞭打你的人，因为他消除了你的惰性；感激遗弃你的人，因为他教导你要自立。你感激的事情越多，你在生活中得到的也就越多。

一次，罗斯福家被盗，丢了许多东西。一位朋友闻讯后，忙写信安慰他，劝他不必太在意。

罗斯福给朋友写了一封回信："亲爱的朋友，谢谢你来信安慰我，我现在很平安。感谢上帝，因为：第一，贼偷去的是我的东西，而没有伤害我；第二，贼只偷去我部分东西，而不是全部；第三，最值得庆幸的是，做贼的是他，而不是我。"

当你遭到不幸的时候，感恩不纯粹是一种心理安慰，也不是对现实的逃避；它是强者歌唱生活的方式，它来自于对生活最深沉的爱与希望。

>>> 在打压中将自己磨砺成刀枪不入

面对人生的挫折，我们需要有百折不挠、永不服输的精神。

百折不挠的人，就像黄豆经历粉身碎骨后，最终变成可口香甜的豆浆一样。一个有百折不挠精神的人，无论他遭遇怎样的困境，身心受到多大的伤害，最终都能将自己历练成一个刀枪不入的人，并历经千辛万苦达到自己想要达到的目的。

生活中，我们所面对的打压，有的是来自环境的，有的是来自他人的。在事业上，会面临同行的压制。在职场上，会面临同事的嘲讽。

对于一个人来说，最痛苦的事莫过于能力得不到认可，甚至没有机会展现自己。可是越被人压制，我们越渴望自由，别人越想将我们埋在地底下，我们越想活到阳光里去；别人越不愿意发生的事情，我们就越愿意让它发生。在这种打压与反打压的过程中，我们的毅力得到了锻炼，使得我们不再畏惧任何困难。

但凡你想着难以容忍别人的打压，你就会想着寻找机会摆脱对方的束缚，让自己变得更强大。在此过程中，你百折不挠的不服输精神有了苏醒，使得你不再畏惧任何人、任何事，也使你更加渴望成功。

对于一个有百折不挠精神的人来说,没有什么问题是他所解决不了的,没有什么苦头是他不敢吃的,没有什么磨难是他不敢面对的。不过,人的这种精神不是生来就有的,而是在一点一滴经历不幸之事的磨砺下才产生的。就像穿高跟鞋一样,一块皮肉第一次被磨出了血泡,挑破结痂,第二次再破,等到同一块地方破上三四次后,皮肉就会变成死肉,那里已经没有了知觉,再磨也磨不出血来了。每个人的身心一开始都很脆弱,但是经历的磨难多了,受到的压制多了,遭遇的打击多了,慢慢整个身心就会变得坚强无比,并最终被磨砺得刀枪不入。

>>> 以对手为师,再战胜对手

人生处处有竞争,面对对手的打压,我们要永远保持不服输的精神,勇于与对手竞争,这样才会在激烈的竞争中不被淘汰。

而从另一方面来看,正是由于对手的存在,才使我们不敢懈怠,努力保持战斗和前进的状态。一个人往往在对手的督促下,才能谨小慎微,少犯错误;相反,如果没有对手的监督,一意孤行,往往会落于失败的陷阱之中。

在很久很久以前,有一只小老鼠住在一个树洞之中。在外面不远的地方,居住着一只想捕食它的鼬鼠。所以,每一次小老鼠想要出去找食物时都会非常小心,也全靠如此,才多次逃得性命。

有一天早晨,它正准备出去时,才发现那只可怕的鼬鼠正在不远处行走。"哇,今天真险!我要让它先过去,免得自己变成它的午餐。"但突然之间,一只灰猫跳了出来,一下子就咬住了鼬鼠,开始吞食起来。惊魂初定的小老鼠不禁得意起来。"哇,今天我真走运,现在危险已经过去,从此以后,我可以大摇大摆地出去觅食。"开心的小老鼠还没有在森林中自由玩耍,就在贪婪的灰猫口中丧失了性命。就像这个小老鼠,只有在面临鼬鼠的威胁时，才会变得异常机警，从而逃过一场又一场的劫难；相反，在缺乏对手之后，它忘乎所以，放松了警惕，自然就会跌落失败的深渊了。

在这个复杂的社会中，总是存在着各种竞争，甚至是你死我活的厮杀。那也许是自己的同事，也许是同行，甚至是你完全不知道的人，都会通过一个个途径让你的生活充满紧张感。但对手是否都是负面与不必要的呢？答案是否定的。对手可以激发你的斗志，可以为你提供借鉴，可以让你看到自己的不足。将对手看成朋友，将对手的指责与批评都看成是改正的良机，这才是最佳的处世之道。

无论是在职场，还是商场，几乎每一个人的面前都或多或少存在着对手。对手是让自己变得更加成熟、更加完美的人。以对手为师，从一个个给你带来麻烦甚至是痛苦的对手身上学习长处和优点，这样，你就能在成功的道路上走得更远更长。

>>> 你的遍体鳞伤，使你一身灿烂

有位诗人这样描写自己的过去：我相信有一天，我流过的泪将变成花朵和花环，我遭受过千百次的遍体鳞伤，将使我一身灿烂……

所以，不论我们过去贫穷还是卑贱，失败还是失意，都应该把这些从心头卸去，彻底地宽恕自己和自己的不幸，还世界一个真实的自己，真正的自己。

一位父亲带着儿子去参观梵·高故居。在看过那张小木床及裂了口的皮鞋之后，儿子问父亲："梵·高的画那么值钱，他应该是百万富翁才对啊！"父亲笑道："梵·高生前穷得连妻子都没娶上。"

第二年，这位父亲带儿子去丹麦，在安徒生的故居前，儿子又困惑地问："爸爸，安徒生不是生活在皇宫里吗？"父亲笑道："安徒生是位鞋匠的儿子，他就生活在这栋破旧的阁楼里。"

这位父亲的职业是水手，常年在大西洋各个港口忙碌，因为是黑人，收入少得可怜。这位儿子叫伊东·布拉格，是美国历

史上第一位获普利策奖的黑人记者。20年后，在回忆童年时，他说："那时我们家很穷，父母都靠出卖苦力养家糊口。看到和父母一样的黑人，只能从事又脏又累薪水又少的工作，我习惯地认为像我们这样地位卑微的黑人是不可能有什么出息的。好在父亲让我认识了梵·高和安徒生，这两个人告诉我，上帝没有看轻卑微。成功是没有任何既定人选的，她只属于能为她奋斗的人。她不属于一个人的过去，只属于一个人的将来。"

一个人怎样对待自己的伤痛，就会有怎样的人生。我们能坦然地面对自己难以回首的过去，就会有一个光明的将来。如果我们对自己的贫穷、卑贱无能为力，就别指望别人能大发慈悲地高看自己一眼。任何同情和悲悯，也无法挽救一个已经把自己看低的人。

一个人最难跨越的，就是他的伤痛；人生最大的障碍，也是一个人的自责自弃。我们不能用伤痛迷惑自己，束缚自己，沉溺自己，把自己过去的伤痛和未来的人生画上等号。

宽恕让自己尴尬、耻辱甚至是愤懑的伤痛，是为了我们自己，而不是为了他人。放下即是快乐，彻底放下心中的伤痛，会让我们身心健康，精力充沛，心里坦然。

想想看，如果我们总是死盯着别人或是现实带给我们的伤害不放，就会浪费我们很多宝贵的精力和时间——这些精力和时间，本来可以直接用于实现梦想和目标的。我们需要向前看，并积极行动,而不是停地在过去或者现在原地踏步。我们需要放下包袱,把自己从别人的控制下解放出来,以便轻装出发。

要记住,没有人能够伤害我们,过去可以,但是现在、将来却不可以,除非我们允许他这么做!没有人拥有那种凌驾于我们之上、为我们选择未来的权力,除非我们认为他可以拥有。

一位著名的教练曾经说过:"上帝让你的眼睛长在头的前边,就是为了让你向前看,向前走,而不是老盯着过去。"从过去的痛苦记忆中解脱出来,立即对自己不满意的地方采取积极的行动,这是一个人成长、走向成功的关键。

>>> 每一次伤痛，都是一次成长

有这样一则故事。

草地上有一个蛹，被一个小孩发现并带回了家。过了几天，蛹上出现了一道小裂缝，里面的蝴蝶挣扎了好长时间，身子似乎被卡住了，一直出不来。天真的孩子看到蛹中的蝴蝶痛苦挣扎的样子十分不忍。于是，他便拿起剪刀把蛹壳剪开，帮助蝴蝶脱蛹出来。然而，由于这只蝴蝶没有经过破蛹前必须经历的痛苦挣扎，以致出壳后身躯臃肿，翅膀干瘪，根本飞不起来，不久就死了。自然，这只蝴蝶的欢乐也就随着它的死亡而永远地消失了。

这个小故事也说明了一个人生的道理：要得到欢乐就必须能够承受痛苦和挫折。这是对人的磨练，也是一个人成长必经的过程。

人生在世，谁都会遇到厄运，适度的厄运具有一定的积极意义，它可以帮助人们驱走惰性，促使人奋进。因此厄运又是一种挑战和考验。我们的生活因厄运变得丰富而多彩，我们的性格因坎坷而锤炼得成熟。厄运来临——与厄运挑战——在战斗中升华自己，这就是逆境与厄运的意义所在。

人生重要的不是拥有什么，而是经历了什么，任何坎坷的经历都是一种宝贵的人生财富。

　　古人云："天将降大任于斯人也，必先苦其心志，劳其筋骨，饿其体肤，空乏其身，行拂乱其所为，所以动心忍性，增益其所不能。"苦难是锻炼人意志的最好的学校。与苦难搏击，它会激发你身上无穷的潜力，锻炼你的胆识，磨练你的意志。也许，身处苦难之时你会倍感痛苦与无奈，但当你走过困苦之后，你会更加深刻地明白：正是那份苦难给了你人格上的成熟和伟岸，给了你面对一切无所畏惧的能力，以及与这种能力紧密相连的面对苦难的心态。

　　苦难，在不屈的人们面前会化成一种礼物，这份珍贵的礼物会成为真正滋润你生命的甘泉，让你在人生的任何时刻，都不轻易服输，不会轻易被击倒！

　　你一定见过瀑布吧。美丽的瀑布迈着勇敢的步伐，在悬崖峭壁前毫不退缩，因山崖的绞结碰撞造就了自己生命的壮观。有谁能说，这不是生命的美丽呢？

>>> 在失败中成长、成熟、成功

要想向成功迈进，赢得人生，首先就必须学会面对失败，在失败中学习，才能让我们变得成熟，才能更快地走向成功。

道斯·洛厄尔现在是毕马威公司美国加州分公司的"超级员工"之一。在他的岗位上他创造了自己的工作辉煌：连续5年工作无丝毫误差，获得过超过500位客户的极力称赞，并在公司中获得了同事与主管的一致认同。但是这一切的获得不是凭空而来的，而是在经过了一系列的失败后，自己不断总结学习而最终成功的。

洛厄尔刚加入公司时，对公司的运作情况还不是很清楚。刚开始他想得很美好，认为不过就是算算账而已，然而接下来的一系列失败让他认识到绝不是这么简单。在他开始上班的第一个月，他交给部门经理的一张报表就出现了一个相当大的失败：原来在一项金融计算中，存在一个他没有使用过的计算公式，错用了这个计算公式让他的结果出现了很大误差。

部门经理让他重新做这张报表。洛厄尔对这第一张报表的失败非常重视，他认识到自己的专业知识上还有很多的欠缺。于是他从这个计算公式入手全面系统地重新学习了相关知识，并成为了这方面知识的专家。但是并不是说从这以后他就再没有遇到过失败，恰恰相反，他仍然遇到各种各样的失败。但是，他已经养成了从失败中学习的习惯：与客户面谈失败之后，他从中学习经验教训，最后成为一个与客户交流的高手；第一次开发新的客户，对方并不接受，总结这样的失败教训，他最后做到了一个人开发了分公司15%的客户……这一切的成就都来自不断地向失败学习。

在失败中，我们可以看到很多有价值的东西：一些可贵的资料和信息；磨练你的性格、挖掘潜力；使自己更容易获得帮助。如果能够从失败中吸取教训，积累经验，就能转败为胜，由失败走向成功。

真正善于学习的人，不仅仅要学习正面的成功事例，还必须懂得从失败中学习。如果能够从失败中吸取教训，积累经验，就能转败为胜，由失败走向成功。

养成从失败中学习的习惯，这样每一次失败便成为了下一次成功的起点。

Part7
有些黑夜，你只能自己穿越

　　做一个内心强大、永不服输的人，并不意味着没有眼泪，而是一边落泪一边勇敢地大步往前走。

　　成与败，输与赢，由你自己决定。命运掌握在你自己手中，生命的奇迹只能由自己来创造。有些坎坷，你要自己跨过。有些黑夜，你要自己穿越。

》》凭自己的力量前行

松下幸之助曾经说过这样一段话:"狮子故意把自己的小狮子推到深谷,让它从危险中挣扎求生,这个气魄太大了。虽然这种作风太严格,然而,在这种严格的考验之下,小狮子在以后的生命过程中才不会泄气。在一次又一次地跌落山涧之后,它拼命地、认真地、一步步地爬起来。它自己从深谷爬起来的时候,才会体会到'不依靠别人,凭自己的力量前进'的可贵。狮子的雄壮,便是这样养成的。"

美国石油家族的老洛克菲勒,有一次带他的小孙子爬梯子玩,可当小孙子爬到不高不矮(不至于摔伤的高度)时,他原本扶着孙子的双手立即松开了,于是小孙子就滚了下来。这不是洛克菲勒的失手,更不是他在恶作剧,而是要小孙子的幼小心灵感受到做什么事都要靠自己,就是连亲爷爷的帮助有时也是靠不住的。

人,要靠自己活着,而且必须靠自己活着,在人生的不同阶段,尽力达到理应达到的自立水平,拥有与之相适应的自立精神。这是当代人立足社会的根本基础,也是形成自身"生存支援系统"的基石，因为缺乏独立自主个性和自立能力的人，连自己都管不了，还能谈发展成功吗？即使你的家庭环境所提供的"先赋地位"高于常人，你也必得先降到凡尘大地，从头爬起，以平生之力练就自立自行的能力。因为不管怎样你终将独自步入社会，参与竞争，你会遭遇到远比学习生活要复杂得多的生存环境，随时都可能出现或面对你无法预料的难题与处境。你不可能随时动用你的"生存支援系统"，而是必须得靠顽强的自立精神克服困难，坚持前进！

因此，我们要做生活的主角，要做生活的编导，而不要让自己成为一个生活的观众。

善于驾驭自我命运的人，是最幸福的人。在生活道路上，必须善于做出抉择，不要总是让别人推着走，不要总是听凭他人摆布，而要勇于驾驭自己的命运，调控自己的情感，做自我的主宰，做命运的主人。

要驾驭命运，从近处说，要自主地选择学校，选择书本，选择朋友，选择服饰。从远处看，则要不被种种因素制约，自主地选择自己的事业、爱情和崇高的精神追求。

你应该掌握前进的方向，把握住目标，让目标似灯塔在高远处闪光；你得独立思考，独抒己见。你得有自己的主见，懂得自己解决自己的问题。你不应相信有什么救世主，不该信奉什么神仙和皇帝，你的品格、你的作为，就是你自己的产物。

自主的人，能傲立于世，能力拔群雄，能开拓自己的天地，得到他人的认同。勇于驾驭自己的命运，学会控制自己，规范自己的情感，善于布局好自己的精力，自主地对待求学、择业、择友，这是成功的要义。

　　你的一切成功，一切造就，完全决定于你自己。

>>> 不屈服命运，靠自己站起来

鲁迅先生说："伟大的胸怀应该表现出这样的气概——用笑脸迎接悲惨厄运，用百倍的勇气来应付一切的不幸。"

日本青年乙武洋匡，是个失去手脚的残疾人。他在轮椅上长大，但他竟能与普通孩子一同上完幼儿园和小学、中学。他学会了跳绳、游泳和打篮球，登上了高山，拍过电影，并以优异成绩考入了一所赫赫有名的大学。对他来说，残疾只是人生的"记号"。他认为，只要主动参与，就能体现自我的存在价值；只要保持奋斗的勇气，就不会虚度此生。乙武洋匡的父母很爱他，但爱的方式是让他自己锻炼，凡是他能干的事情，尽量让他自己干。在幼儿园，他学会了侧头把铅笔夹在脸和仅有10多厘米的残臂之间，一笔一划地写字；他把盘中的刀叉交叉起来，利用杠杆的原理，靠残臂平衡用力，自己吃饭……

乙武洋匡的自我锻炼，使人看到一个人生理上有缺陷并不可怕，只要有积极的人生态度，就能超越自我，积极补偿，表现出强者的姿态，使缺陷成为前进的动力。奥地利心理学家阿德勒在《器官功能不足和它的生理补偿》中说："如果人的生理器官功能不足或者有了缺憾，就会遇到许多困难，必须另找途径来弥补以更好地适应环境。"他指出，有许多对我们文化有重大贡献的杰出人才都有生理上的缺憾，他们的健康往往很差。然而，这些奋力克服困难的人却作出了许多惊人的贡献。个中道理并不复杂：因为有缺憾，便想法弥补缺憾，就可能把隐藏在内心深处的潜力和智慧充分调动起来，以顽强的意志与命运抗争，以致创造奇迹。

读达尔文、康德、拜伦、培根、亚里士多德等人的传记就会明白：他们的优秀品质和光辉成就，从一定意义上说，都是其缺陷促成的。心理学有所谓"拿破仑情结"或"矮人综合征"，就是指一个像拿破仑那样身材矮小的人，因有自卑感而通过自我补偿机制发展成为叱咤风云的杰出人物。

古往今来，无数的成功者都是靠自己"站"起来的，他们都是"自己拯救自己"最完美的诠释。如果你还在退缩，请快点明白，战胜自己是如何紧迫；如果你还在犹豫，请看看那些胜利者是如何一步步走来；如果你已经在向自己挑战，那你要坚持，成功最终会向你敞开胸怀的！

>>> 在沙漠中寻找心中的星星

第二次世界大战期间，一位名叫玛莉的妇女随她的军官丈夫驻防在北非的埃及，住在靠近沙漠的营地里，军营的条件是很差的。

他们居住的木屋总是闷热难当，连阴凉一点的地方气温也在30度以上，狂风裹挟着沙土总是呼呼地吹个不停。军营里没有几个家属，周围住的又全是不懂英语的土著居民，生活毫无色彩，日子实在难熬。

而且丈夫经常要出去执行各种各样的任务，这让一个人在家的玛莉总是感到非常寂寞。她给远在祖国的父亲写信倾诉，多少流露出要回家的意思。父亲的回信很快就收到了，信中写了这么一句话："有两名罪犯从监狱里眺望窗外，一个看到的是高墙和铁窗，一个看到的是月亮和星星。"

玛莉拿着父亲的信看了又看，想了又想，觉得父亲说的很对。"好吧。"她振作起精神，"我这就找星星和月亮去。"于是她走到屋外，和邻近的土著黑人交朋友，并请他们教她烹饪当地的食品，用泥土做成陶器。交往开始是有些艰难的，但他们很快就热情地接受了她，玛莉也开始融入当地人的生活之中，并且一步一步地迷上了这里的风土人情。不久之后，玛莉还开始研究起了曾经让自己无比厌烦的沙漠。很快，沙漠在她眼中成了神奇迷人的地方。她经常请土著朋友们引路深入沙漠的深处，听当地人讲沙漠的特点，还让远在伦敦的亲友帮她寄来了当时能找到的关于沙漠的所有著作，她都认真地阅读。而且她还将她对沙漠取得的点滴知识都写进了自己的日记，她的生活因此变得充实，甚至有些忙碌了。

第二次世界大战结束后，由于在中东、非洲的沙漠地区不断发现石油，人们对沙漠的认识和兴趣都大增，玛莉借助她的知识成为了这个岛国知名的沙漠专家。

几十年后，当有人向玛莉问起事业成功的经验时，她说到了月亮和星星的故事。她说："是父亲教给了我对生活的态度，这种态度是我事业的源泉，它使我终身受用。"

不错，玛莉女士找到了自己的"星星"，她不仅不再长吁短叹了，而且获得很大的成功。那么我们呢？我们又该得到什么样的启示呢？

也许最大的启示就是，不要害怕寂寞和逆境，只要我们能够坚定自己的信念，我们就一定能够战胜它们，我们就可以在沙漠中找到属于自己的星星。

>>> 茫茫暗夜，自己就是光明使者

克莱特16岁那年夏天，他心爱的哥哥出了车祸，死在他的怀里。霎时，他的大脑一片空白，自此精神崩溃了。失去亲人的痛感压迫着他的心，他沉默寡言，不再有欢容笑颜。在他看来，欢乐是别人的，悲伤痛苦如栅栏一样，牢牢地圈着自己；孤寂如同衣衫一样裹着他。他没有朋友，没有任何交往的欲望。在静默中，他想到过死。

终于有一天，他蓦然醒悟，才明白自己为什么活得如此累、如此苦。这一切又是多么幼稚。逝者如斯，对待死者最深切的慰念，除了在坟上哭哑嗓子，还有更重要的，那绝不是人为地构筑堡垒，制造忧伤，而是直起腰来，挺身前行。

后来，他交上了女朋友，不久又分手了。克莱特没有痛不欲生的感觉，他已经学会了选择坚强，学会了换个想法去考虑问题。不再封闭自己的感情，不再封闭自己的世界。

在生活中，每个人都可能遇到这样或那样的不幸，诸如亲人不幸死亡、朋友分手、身患重病……你一定要注意，这一切于你都不重要，于你都不会构成致命的创伤。

最致命的创伤来自我们自己的心灵深处，是我们的心灵导致我们绝望。

假如你背对着整个世界，整个世界也会背对着你。放弃绝望的思想，换一个角度想问题，就会豁达起来，发现原来什么都没变：阳光依旧照耀着你，月光仍然抚爱着你。

一位年轻人的父母突然病故，他自己也失了业。面对这突如其来的打击，他陷入了极度的痛苦之中，便想跳河自杀。一位盲人从河边经过，手中的竹竿碰到了这位欲跳河的年轻人。

盲人问他为什么要自杀时，他说："我觉得眼前一片黑暗，看不到一点光明。"

盲人劝导他说："其实你实在太傻了。黑夜再长，可你总能看到太阳出来的时候；冬天再冷，可你总能看见春天花开的样子；生活再苦再累，可你总能有笑的那一刻，至少感伤时你可以哭。可我什么都看不到，一直生活在又长又冷的黑夜中，甚至欲哭无泪。可我一直告诫自己，一定要活下去，好好地活下去，因为我热爱光明。难道你不觉得，你比我幸福快乐得多吗？但你有没有我坚强呢？"

年轻人感叹道："真得好好谢谢你，是你给我带来了光明。你真是个光明的天使。"

真正的光明，是在人的心中。是取决于人们对生活的热爱，思想的坚强。

真正的光明,是燃烧在人心头的火炬,它是对人生的一种热爱,对生命的一种希冀。

真正击倒你的,只有你自己。不要轻易就悲观失望,看不到光明,是因为你自己闭上了眼睛。

>>> 信念如炬，照亮漫漫人生

每个人都靠什么东西在日复一日地生活？是信念！信念就像一盏灯，在不远处散发着亮光，指引着我们不断地前进。

一艘航行中的船在大海上遇上了突如其来的风暴，不久就沉没了，船上的人员利用救生艇逃生。在大海中他们被海风吹来吹去，一位逃生者迷失了方向，救援人员也没能在搜寻中找到他。

天渐渐地黑下来，饥饿寒冷和恐惧一起袭上心头。然而，他除了这艘救生艇之外一无所有，灾难使他丢掉了所有，甚至即将夺去他的生命，他的心情灰暗到极点，他无助地望着天边。忽然，他似乎看到一片阑珊的灯光，他高兴得几乎叫了出来。他奋力地划着小船，向那片灯光前进，然而，那片灯光似乎很远，天亮了，他还没有到达那里。

他继续艰难地划着小船，他想那里既然能看到灯光，就一定是一座城市或者港口，生的希望在他心中燃烧着，死的恐惧在一点点地消失，白天时，灯光是自然没有了，只有在夜晚，那片灯光才在远处闪现，像是在对他招手。

一天过去了，食物和水已经快没有了，他只有尽量少吃。饥饿、干渴、疲惫更加严重地折磨着他,好多次他都觉得自己快要崩溃了,但一想到远处的那片灯光,他又陡然添了许多力量。

第四天,他依然在向那片灯光划着,最后,他支持不住昏了过去,但他脑海中依然闪现着那片灯光。

晚上,他终于被一艘经过的船只救了上来,当他醒过来时,大家才知道,他已经不吃不喝在海上漂泊了四天四夜,当有人问他,是怎么样坚持下来时,他指着远方的那片灯光说:"是那片灯光给我带来的希望。"

大家望去,其实,那只不过是天边闪烁的星星而已!

在生命的旅途中,一定会遇到各种挫折和困境。这时,只要心头有一个坚定的信念,努力地去寻找,就一定会渡过难关的。

在我们每个人的生活中,都需要燃起这样的"灯火",当我们被失败和挫折所困扰时,抬头看看前面的灯火,便会心生勇气和力量,因为那是我们日夜企盼的目标,我们是那样地希望得到它,又怎会随便放弃呢?因为,它已在我们的眼前,它已并不遥远了啊!

这样的灯火,要燃起在我们的心中,才能照亮我们的心灵,这就是我们的信念。

每天都给自己一个信念,有了目标,并向着目标坚定地前进,相信前面一定会有属于我们的一片光明。

>>> 心若向阳，无畏悲伤

人生在世，虽然只有短短几十年，却要经历各种好事、坏事，尝遍酸甜苦辣各种滋味。

生活是美好而沉重的。人生，是有苦又有乐的，是丰富多彩又艰难曲折的，就像白天与黑夜的互相交替一般。快乐时"春风得意马蹄疾，一日看尽长安花"，快乐的人连路边的鸟儿都在为他歌唱，花儿都似专为他开放。痛苦时，落日西风，万念俱灰，睡梦中也在滴泪。

人总是避苦求乐的，都希望快乐度过每一天，但生活本身就充满酸甜苦辣，快乐和痛苦本是同根生。

当你快乐时，不妨留一片空间，以接纳苦难；当你痛苦，不妨想到往昔的快乐。

曾经有两个囚犯，从狱中望窗外，一个看到的是森冷的高墙，一个看到的是喷薄的朝霞。面对同样的遭遇，前者心中悲苦，看到的自然是满目苍凉、了无生气；而后者心往好处想，看到的自然是霞光满天，一片光明。

人生的道路虽然不同，但命运对每个人都是公平的。窗外有土也有星，有快乐也有痛苦，就看你能不能咬定青山不放松，心往好处想。

心往好处想，才能帮我们冲破环境的黑暗，打开光明的出路，才能获得更多更大的人生乐趣。在困顿、苦难面前，一味哭丧着脸，除了磨掉自己的锐气外，是不会赚到任何同情的眼泪的。只有颤抖于寒冷中的人，最能感受到太阳的温暖；也只有从痛苦的环境中摆脱出来，才会深深感觉到这个世界的美好。就像火车过隧道，即使在黑暗中，也要看到前方的光明。

哈佛大学的一位心理学教授蓝姆·达斯曾讲过这样一个故事。

一个因病入膏肓，仅剩数周生命的妇人，整天思考死亡的恐怖，心情坏到了极点。蓝姆·达斯去安慰她说："你是不是可以不要花那么多时间去想死，而把这些时间用来考虑如何快乐度过剩下的时间呢？"

他刚对妇人说时，妇人显得十分恼火，但当她看出蓝姆·达斯眼中的真诚时，便慢慢地领悟着他话中的诚意。"说得对，我一直都在想着怎么死，完全忘了该怎么活了。"她略显高兴地说。

一个星期之后，那妇人还是去世了，她在死前充满感激地对蓝姆·达斯说："这一个星期，我活得比前一阵子幸福多了。"

"苦乐无二境，迷误非两心"，妇人学会了心往好处想，所以便能离开人世前仍感到一丝幸福,快乐地合上双眼;如果她仍像以前一样,一味想死,那只能是痛苦地离开人世。

心往好处想,不论何时,不论何事,只要活着,就要心往好处想。人生可以没有名利、金钱,但必须拥有美好心情。

心往好处想,在寒冷的冬天想到暖意盎然的春天。

>>> 扛住了，世界就是你的

相信大家都听过《只要你过得比我好》这首歌，也许还能简单地哼唱几句，但是你知道吗，这首歌的演唱者钟镇涛，在过去的几年里"过得并不好"。作为红极一时的香港艺人，1996年钟镇涛和当时的老婆章小蕙，趁着当时香港楼市最火的时候，以钟镇涛本人的名义为担保，短期借贷近2亿港币买下了香港的5处豪宅。但是随着1997年爆发了亚洲金融危机，香港楼市大跌，结果钟镇涛债台高筑，每个楼盘的负债利息高达6万元港币。倒霉的钟镇涛不仅很快离婚，在2002年7月还被香港法院宣判破产。由于欠债过亿，钟镇涛的许多好友真是有心无力，帮不上忙。

面对突如其来的足以"跳楼"的债务打击，钟镇涛既没有绝望也没有垮掉，虽然知道未来还债的日子会很艰难，但是他决心从头开始，一步一步还债。到2006年10月，钟镇涛基本上还清了债务，法院宣布撤销对他的破产令。回首当时，钟镇涛一脸感慨地说："当时真的不知所措，但我始终相信即使是穷途末路时，自己真的是可以再走出来，虽然好艰难、好难走，但今天我可以很欣慰地说：我终于挺过来了！"

2007年年初，钟镇涛一连举办13场演唱会，场场爆满，并以8位数的价码加盟新唱片公司。钟镇涛表示自己并没有受到此前投资失利的影响，现在仍然敢投资房地产："现在只算赚到第一勺金，第一桶金尚需时日，收到演唱会的酬劳后我会用来投资。现在我有很多投资分析员，有了这些专业人才，我就再也不用操心了。"

钟镇涛之所以可以渡过危机，而没有选择不负责任的"破罐破摔"，完全在于他个人面对逆境时的勇气和韧性。危机不可怕，逃避才致命。不管情况如何，你都要鼓励自己说"人人都会有犯错的时候，坚持自我救赎，我才能够东山再起"。

当人生出现危机时，不要灰心丧气，不要自抛自弃，因为这样你只会把"深坑"越挖越大。你应重新鼓起信心和勇气，从失败中振作起来，向着新的征程出发。自助者得天助，没有永远成功的幸运者，只有永不言败的人生强者。

>>> 人生没有过不去的坎

在现实生活中，没有人不追求和向往美好，但老天好像就是要与人作对似的，总是在人生的道路上布满坎坷，总是不让人一帆风顺，总是让各种各样的挫折横亘在成功的路上。意志薄弱者遇到困难时，便心灰意冷，顾影自怜，整天精神委靡，怨天尤人。而意志坚强者，则坚信人生没有过不去的坎，往往是愈挫愈勇，义无反顾，从哪里跌倒再从哪里爬起来。

美国有一种家喻户晓的美食叫"琼斯乳猪香肠"，在它的发明背后有一段感人泪下的与命运作斗争的故事。该食品的发明人琼斯原来在威斯康星州农场工作，当时家人生活比较困难。他虽然身体强壮，工作认真勤勉，不过从来没有妄想发财。可天有不测风云，在一次意外事故中，琼斯瘫痪了，躺在床上动弹不得。亲友都认为这下他这一辈子可交待了，然而事实却出人意料。

琼斯身残志坚，始终没有放弃与命运作斗争。他的身体虽然瘫痪了，但他意志却丝毫没受影响，依然可以思考和计划。他决定让自己活得充满希望，他决定做一个有用的人，而不是成为家人的负担。他思考多日，最终把构想告诉家人："我的双手虽然不能工作了，我要开始用大脑工作，由你们代替我的双手，我们的农场全部改种玉米，用收获的玉米来养猪，然后趁着乳猪肉质鲜嫩时灌成香肠出售，一定会很畅销！"

功夫不负有心人，事情果然不出琼斯所料，等家人按他的计划做好一切后，"琼斯乳猪香肠"一炮走红，成为人人知晓、大受欢迎的美食。

天无绝人之路，生活丢给我们一个难题，同时也会给我们解决问题的能力。琼斯能够成功，是因为他坚信人生没有过不去的坎，坚信冬天之后有春天。他在困难面前没有低头，没有被挫折吓倒，而是另辟蹊径，终于迎来了属于自己的成功。

人生的道路充满荆棘与坎坷，但生命是美丽的，生活是美好的。我们应该笑对坎坷。生活中不可能总是阳光明媚的艳阳天，狂风暴雨随时都有可能光临。但只要我们有迎接厄运的勇气和胸怀，在打击和挫折面前不低头，跌倒了再重新爬起来，将自己重新整理，以勇敢的姿态去迎接命运的挑战，只要我们坚信人生没有过不去的坎，就一定能走向人生的辉煌。

直面人生的挫折和压力吧，因为它会让我们变得更加坚强；迎接生活的挑战吧，因为它的背后藏有成功的果实。

>>> 坚信不幸只是生命的过客

厄运对人的刺激往往比较强烈，并伴随着心理、生理活动不同程度的卷入，因而会给人以深刻的印象，尤其会给人带来阴影的东西，更会使人感到时时被它所纠缠。

然而，事情如果已经发生，那就应当面对它，寻找解决的办法；如果已经过去，那就应当丢开它，不要老是把它保留在记忆里，更不要时时盯住它不放。痛苦的感受犹如泥泞的沼泽地，你越是不能很快从中脱身，它就越可能把你陷住，越陷越深，直至不能自拔。

南唐后主李煜被俘后赋词曰：

往事只堪哀，对景难排。

秋风庭院藓侵阶。

一任珠帘闲不卷，终日谁来！

金剑已沉埋，壮气蒿莱。

晚凉天净月华开。

想得玉楼瑶殿影，空照秦淮。

像这样留恋逝去的荣华，死盯住自己的遭遇不放，哪能不被沉重的痛苦情绪所压倒呢？

生命并不是一帆风顺的幸福之旅，而是时时在幸与不幸、沉与浮、光明与黑暗之间的模式里摆动。面对种种的不幸，只有一个方法——就是接受它。心理学家、哲学家威廉·詹姆斯提出忠告："要乐于接受必然发生的情况，接受所发生的事实，是克服随之而来的任何不幸的第一步。"事情既然如此，就不会另有他样。在漫长的岁月中，你我一定会碰到一些令人不快的情况，它们既是这样，就不可能是他样。我们也可以有所选择。我们可以把它们当作一种不可避免的情况加以接受，并且适应它，或者我们可以用忧虑来毁了我们的生活和工作，甚至最后可能会被弄得精神崩溃。

当我们的生活和工作被不幸遭遇分割得支离破碎的时候，只有时间可以把这些碎片捡拾起来，并重新抚平。我们要给时间一个机会。在你刚刚受到打击的时候，整个世界似乎停止运行，而我们的苦难也似乎永无止境。

这不是说，在碰到任何挫折的时候，都应该低声下气，那样就成为宿命论者了。而是说不论在哪一种情况下，只要还有一点挽救的机会，我们就要奋斗。但是当普通常识告诉我们，事情是不可避免的——也不可能再有任何转机时——我们就应该保持理智，不要"左顾右盼，庸人自扰"。

当你遇到不幸或挫折时，你可以这样做：

先试着接受这不可避免的事实；

让时间去治疗你的伤痛；

采取一些行动，改变你的困境；

充分坚定信心，因为不幸只是过客。

挥挥手，向不幸告别；如果你沉迷了，那不幸只能陪在你的身旁，做你永远的伴侣了。

>>> 心不绝望，人生就会有希望

一位经商的朋友因为信息不准而赔了个底儿朝天。大家都劝他积蓄力量，等等时日东山再起，可他却整日借酒浇愁，痛不欲生，绝望到了极点。为了劝他早日从绝望中醒来，他的一位朋友给他讲了这样一个故事。

有个年轻人，有一天，因心情不好，他走出家门，漫无目的到处闲逛，不知不觉间他来到了森林深处。在这里他听到了婉转的鸟鸣，看到了美丽的花草，他的心情渐渐好转，他徜徉着，感受着生命的美好与幸福。

忽然，他的身边响起了呼呼的风声，他回头一看，吓得魂飞魄散，原来是一头凶恶的老虎正张牙舞爪地扑过来。他拔腿就跑，跑到一棵大树下，看到树下有个大窟窿，一棵粗大的树藤从树上深入窟窿里面，他几乎不假思索，抓住树藤就滑了下去，他想，这里也许是最安全的，能躲过劫难。

他松了口气，双手紧紧地抓住树藤，侧耳倾听外边的动静，并时不时伸出头去看看。那只老虎在四周踱来踱去，久久不肯离去。年轻人悬着的心又紧张起来，他不安地抬起头来，这一看又叫他吃了一惊，一只坚牙利齿的松鼠正在不停地咬着树藤，树藤虽然粗大，可经得住松鼠咬多久呢？他下意识地低头看洞底，真是不得了！洞底盘着四条大蛇，一齐瞪着眼睛，嘴里吐着长长的信子。恐惧感从四面八方袭来，他悲观透了。爬出去有老虎，跳下去有毒蛇，上不得，也不下得，想这么不上不下吧，却有那只松鼠在咬树藤，他甚至已经听到了树藤被咬之处咯巴咯巴欲断未断的响声。

年轻人想：悬挂不动已不可能，树藤已不让你悬了；跳下去也是绝地，那是个死胡同，连逃的地方都没有；可是外面呢，有可怕的老虎，但也有鸟鸣，有花香。年轻人想，难道这就是人生的宿命？冥冥之中，他听到一个声音在喊："别怕，跑吧。"于是他不再作多余的考虑，一把一把向上攀登，他终于爬到了地面，看到那只老虎在树底下闭目养神（是的，苦难也有闭上眼睛的时候），他瞅住这个机会，拔腿狂奔，终于摆脱了老虎，安全回到了家。

曾经热播的电视剧《渴望》的主题曲中唱道："生活，是一团麻，也有那解不开的小疙瘩；生活，是一条路，也有那数不尽的坑坑洼洼……人生的大道不可能永远是坦途，困难、挫折，甚至是绝境都是在所难免的。绝境并不可怕，只要人不绝望，只要心中与困境作斗争的勇气仍在，即使山穷水尽，也会有柳暗花明的时候。

绝望是心灵的毒药,它会吞噬一个人的意志,腐蚀一个人的斗志。没有绝望的处境,只有对处境绝望的人。世界上从来没有什么真正的"绝境":无论黑夜多么漫长,朝阳总会冉冉升起;无论风雪多么肆虐,春风终会吹绿大地。冬天既然已经来临,春天还会远吗?

>>> 路的尽头是锦绣花园

15年前，他还热衷于徒步走全国，也的确走过许多艰险万分的地方。他并不是想跟随潮流，也不是为了寻找什么心灵归宿一类的东西，他纯属是为了在现实中找平衡。因为他的梦想屡屡走到绝路，所以就想在现实中走过一个个绝地，以此来安慰一下自己的心灵。

走了近两年的时间，许多的无人区都已经在他脚下成为身后的风景，可是越是这样，就越是觉得郁闷，为什么这么艰难的地方自己都能走过，可是有些看似很简单的理想却无法抵达？并非毅力与决心的原因，在走那些无人区时，这些东西很有用，可是走心里的世界，却完全不是一码事。

有一次，他终于在现实中也走进了绝路。那是他突然心血来潮毫无目的地走，并不像以往那样计划好要穿越哪里，只是选了个看似危险难走的地方，就一头扎了进去。进去了才发现，这也许是他走过的最艰难的地方，不过这倒是勾起了他的兴趣和斗志，信心百倍地走了下去。只是越来越难、越来越危险，他却咬牙一直向前，心想："在理想中我走不过绝路，在现实中难道还走不过去吗？"

他起初想着越过前面那座山才是真正难走的地方，可是连山还没上去，就是无边的沼泽地，每一步都得小心万分。还有许多不知名的毒蚊毒虫，防范得再好，身上基本也是全红肿起来。看来，山那边的情况要更难得多，不过也挺高兴，如果走过山的那边，就是真正的胜利了。

终于，历尽无数苦难，到达了山脚下，简单地休息了会儿，开始爬山。山很高很陡，好在没有什么别的危险，他想着爬过去到了那边，再走过一段难走的路，便是胜利。

只是一到山顶，他就傻眼了，那一边全是悬崖峭壁，根本没有能下去的地方。看向山下那片自己要征服的土地，他沮丧万分。虽然只是一次微不足道的徒步行程，没有什么具体的利益在其中，但他仍然觉得打击巨大，他从没想过在现实的路途中，也有走进绝路的时候。

他颓然坐在地上，忽然，闻到一阵香气，只见不远处的空地上，开着许多美丽的花！

他连忙走过去，这些花一大片，明显不是自然生长出来的。一面是危机四伏的沼泽地，一面是万仞悬崖，怎么会有人在这里种下花？他仔细观看着，看出这里原来就是一小片花，后来每一年种子飘落，便生长成现在这一大片杂乱的花海。

他站在花香弥漫中良久，终于愿意相信最美好的一种想象：

有一个和他同样徒步行走的人，走进这处绝境后，见前无进路，便在此处撒下了花种，以便给后来的人一片鲜艳一阵芬芳。

那以后，他也经常随身带着一些花种，在一些前行无路的地方撒下。他的心境也渐渐发生了改变，觉得自己许多的梦想走到无路，也并不一定就是一种不幸，在止步之处种下花，也是一种收获。把绝境变成芬芳的世界，是另一种成功吧！而且，他知道，只要还有退路的地方，即使那退路很艰难，就不是真正的绝境。

经过几年的行走，他终于走过了自己的绝境。不再为那些夭折的梦想而颓然，也不再为自己的努力付之东流而遗憾。就像他在一篇文章中所说的："路的尽头是花园，即使不是，也要把它变成花园！"

Part8

在输得起的年纪,遇见不服输的自己

面对挫折和逆境,如果你选择了放弃,那么你永远不会成功。成功往往离我们只有一步之遥,最后,坚持者胜利了,动摇者退缩了,给自己留下终身遗憾。

面对挫折的时候,要勇敢、执着、不畏艰辛地去战胜它。成功的秘诀就是——永不、永不、永不服输!永不、永不、永不放弃!

>>> 任何时候都不放弃自己

我们无从选择出身，但可以选择人生的态度。

我们每个人来到这个世界都是被动的，我们无从选择自己的肤色，无法选择遗传基因，但我们可以选择对人生的态度。

在美国的纽约，有一个黑皮肤的小孩，他望着小贩卖的气球，觉得很纳闷，于是就走过去问小贩："叔叔，为什么黑色气球跟其他颜色的气球一样也会升空呢？"

小贩不懂他的意思，就反问说："嘿，小朋友，你为什么要问这个问题？"

黑人小孩回答说："因为在我的印象里，黑人象征着穷、脏、乱和无知。我看到白种人、黄种人甚至印第安人都飞黄腾达，成功致富，过着令人羡慕的生活，可是我从来没有看到一位黑人出人头地。所以，当我看到红色气球、黄色气球、白色气球升空，我相信；可是我从来不相信黑色气球也会升空。但我刚才真的看到它也能升空，所以我想来问问你。"

小贩理解了他的意思，告诉他："啊，小朋友，气球能不能升空，问题并不在于它的颜色，而是在于里面是不是充满了氢气，只要充满了氢气的话，不管什么颜色的气球都能升空。人也是一样，一个人能不能成功跟他的肤色、性别、种族都没有关系，要看他是不是有勇气和智慧。"

正如这位小贩所说，当我们心里充满了自爱、坚强、勇气和毅力这些重要的乐观因素时，那些束缚我们成长、壮大的限制将不复存在。当我们心里充满了悲哀、自卑、自贬、愤世不平等悲观因素时，那些束缚就会成为真的羁绊，使我们不但升不起来，还会不断沉沦。

永远不要忘了这句话："爱自己，爱自己脚下的土地，永不言弃，那么幸福、快乐、成功就是属于你的。"

>>> 成功属于永不放弃者

失败、挫折是不可避免的,但并不是不可战胜的。

不管做什么事,只要放弃了,就没有成功的机会。不放弃就会一直拥有成功的希望。成功,往往就在失败之后再坚持一下的努力之中。

人们经常在做了90%的工作后,放弃了最后让他们成功的10%。这不但输掉了开始的投资,更丧失了经由最后的努力而发现宝藏的喜悦。

1956年哈默购买了西方石油公司。当时油源竞争激烈,美国的产油区被大的石油公司瓜分殆尽,哈默一时无从插手。1960年他花费了1000万美元勘探基金而毫无所获。

这时一位年轻的地质学家提出,旧金山以东一片被德士古石油公司放弃的地区可能蕴藏着丰富的天然气,并建议哈默公司把它买下来。

哈默重新筹建资金在被别人废弃的地方开始钻探,当钻到262米深时,终于钻出加州第二大天然气田,价值2亿美元。

日本的名人市村清池,在青年时代担任富国人寿熊本分公司的推销员，每天到处奔波拜访，可是连一张合约都没签成。因为保险在当时是很不受欢迎的一种行业。

在68天内，他没有领到薪水，只有少数的车马费，就算他想节约一点过日子，仍连最基本的生活费都没有。到了最后，已经心灰意冷的市村清池就同太太商量准备连夜赶回东京，不再继续拉保险了。此时他的妻子却含泪对他说："一个星期，只要再努力一个星期看看，如果真不行的话……"

第二天，他又重新鼓起精神到某位校长家拜访，这次终于成功了。后来他曾描述当时的情形说："我在按铃之际所以提不起勇气的原因是，已经来过七八次了，对方觉得很不耐烦，这次再打扰人家一定没有好脸色看。哪知道对方这个时候已准备投保了，可以说只差一张契约还没签而已。假如在那一刻我就这样过门不入，我想那张契约也就签不到了。"

在签了那张契约之后，有不少契约又接踵而来，而且投保的人也和以前完全不相同，都是主动表示愿意投保。许多人的自愿投保给他带来无比的勇气与精神。在一个月内他的业绩就一跃而成为富国人寿的佼佼者。

他们的人生经历告诉人们：也许你不比别人聪明，也许你有某种缺陷，但你却不一定不如别人成功，只要你多一份坚持，多一份忍耐，多一份默默等待。

"锲而不舍，金石可镂，锲而舍之，朽木难雕"。金石比朽木的硬度高多了,不要因为它硬,你就放弃雕刻,那样等待你的永远只是失望。

只要锲而不舍地镂刻它,天长日久,也是可以雕出精美的艺术品来的。成功不也是这样吗?只要你努力地追求,"精诚所至,金石为开"。

>>> 除非你放弃，否则你不会被打垮

没有失败，只有放弃，不放弃就不会失败。正如美国哲学家乔治·马萨森所说："我们获胜不是靠辉煌的方式，而是靠不断的努力。"

美国纺织品零售商协会做过一项研究：

48%的推销员找到1个人之后不干了。

25%的推销员找到2个人之后不干了。

12%的推销员找到3个人之后继续干下去，80%的生意是这样的推销员做成的。

这说明，一个人要想获得成功，除了要有远大的抱负，还要有永不后退的坚忍意志。

有一次，苏格兰国王布鲁斯与英格兰军队打仗，布鲁斯国王被打得落花流水，只得躲在一所不易被发现的古老的茅草屋里。

当他正带着失望与悲哀躺在柴草床上的时候，他看见一只蜘蛛正在结网，为了取乐自己并看蜘蛛如何对付，国王毁坏了它将要完成的网。蜘蛛并不在意它突然遭遇的灾害，立刻继续工作，打算再结一个新网。苏格兰国王又把它的网破坏了，蜘蛛又开始

结另一个网。

　　国王开始震惊了。他想："我已被英格兰的军队打败了6次，我是准备放弃战斗了。假使我把蜘蛛的网破坏了6次，它是否会放弃它的结网工作呢？"

　　他毁坏了蜘蛛的网共有6次。蜘蛛对这些灾难毫不介意，开始了第七次结新网，终于成功了。国王被这只不屈不挠的蜘蛛震撼了，他鼓起了勇气，决意再作一次斗争，从英格兰人的手里解放他的国家。他召集了一支新的军队，很谨慎而耐心地做着准备，终于取得了一次重要的胜利，把英格兰人赶出了苏格兰国土。

　　有了坚韧的毅力，饱满的热情，还要有清醒的认识。

　　永不放弃不是目的，成功才是最终目的，对每次错误都必须检讨、总结、改正、调整。只有这样才能使障碍成为前进的阶梯。成功的过程，就是不断克服障碍的过程。障碍不是来阻挡我们的，而是来帮助我们的。障碍会告诉我们怎样做才能更快成功。

　　没有人能一步登天，失败只是暂时的。只要你有坚强的意志，就不会因为暂时的失败而半途而废，不会因为遭受暂时的挫折而畏缩不前。

　　洛克菲勒留给儿子们的一封信中说："只有放弃才会失败。"他还引用了林肯的一句名言："除非你放弃，否则你就不会被打垮。"只要你有坚强的意志，永不放弃的决心，就不会输掉人生，就没有失败可言。

>>> 绝不、绝不、绝不放弃

在人生事业的路途上，当我们遇到挫折时，或感叹自己命运不济时，最明智的选择就是坚持。哪怕这坚持的道路是非常漫长和崎岖，都不要轻易放弃。困难面前要告诉自己：坚持、再坚持、不要放弃，绝不能放弃！暴风雨过后就会有彩虹！用信念给自己力量，等待暴风雨的结束。这样，坚持到别人都坚持不了的时候，自己坚持下来了，就成为最后的成功者。绝不要轻言放弃，否则可能会造成终身遗憾。

英国首相丘吉尔曾经被邀请到大学演讲一个关于成功的话题。这件事轰动了欧洲，因为丘吉尔本身就是一个顶尖级的成功人士，而他演讲的话题是关于成功的"秘诀"，很难得。会场被挤得水泄不通。演讲开始，全场掌声雷动。然而，丘吉尔说："成功的秘诀有三个——"场下异常安静，人们纷纷做记录。"第一个，是绝不放弃。"话语坚定有力、简练精当。人们在兴奋中静听下文的分析。丘吉尔接着用缓缓的语调说："第二个，是绝不、绝不放弃！"全场在期待着。"第三个，是绝不、绝不、绝不放弃！"丘吉尔大声地说。好长时间的寂静，过后，是暴风骤雨般的掌声。

成功的秘诀就在于永不放弃。没有永不放弃的坚持，成功就不会到来。

坚持不是空话，坚持需要不懈地努力，要勇于面对困难和挫折，那么，成功可能就在眼前。问题在于，困难往往是接二连三，所谓福不双至，祸不单行。一个人想干成任何大事，克服一两次困难也许并不难，难的是能够持之以恒地做下去，直到最后成功。能够做到这一点，你就离成功不远了。失败了再干，再失败再干，最终成功。

坚持是一个不断总结经验教训，不断提高自己的过程，人生的过程就是一个不断坚持、不断积累的过程，每一次失败都会让我们变得更聪明一些，让我们离成功更近一些。奋斗过程中即使跌倒了一百次，只要您能再站起来大声地说："我还要继续那一百零一次！""我相信一定会成功！"如果能够这样坚持到最后，你肯定就是赢家。

做到了困难面前坚持不懈，还要能够做到在取得一定成就时坚持不懈。这往往比遭到失败时能够顽强不屈更重要。许多人在取得了一点成绩时沾沾自喜，开始骄傲起来，不再像往常一样努力，结果同样也是半途而废，不能取得最后更大的成功。

荀子说："骐骥一跃，不能十步，驽马十驾，功在不舍。"说的是骏马虽然比较强壮，腿力比较强健，然而它只跳一下，最多也不能超过十步；相反，一匹劣马虽然不如骏马强壮，然而如果它能坚持不懈地拉车走十天，照样也能走得很远，它的成功在于走个不停，也就是坚持不懈。"水滴石穿，绳锯木断"，为什么微不足道的水能把石头滴穿？柔软的绳子能把硬邦邦的木头锯断？这就是坚持。一滴水的力量是微不足道的，然而许多滴水坚持不断地冲击石头，就能形成巨大的力量，最终把石头冲穿。

　　成功之前难免有失败，然而只要能克服困难，坚持不懈地努力，那么，成功就在眼前。

>>> 永远不屈服于脆弱的意志

一切成功的起点都是欲望,但在将欲望变为成功的过程中,坚韧的意志是人最重要的个性特点之一。大凡成功者,人们都喜欢说他们冷酷无情。其实不然,他们只不过是能够冷静地面对事业进展过程中每一个关键时刻而已。正是因为这一点,他们才能在困难的形势下,稳健地追求着自己的目标。

而有些人却缺乏这样的个性,他们总是欲望强烈而意志脆弱。所以,遇到不利于自己的局势,就会听任脆弱的意志摆弄,直到他所追求的目标成为记忆中一个遥远的影子。

冠军永远都是那些被打倒了还会再爬起来的人。一次、两次不成,就再试几次。能不能成功,全看你能否坚持到底。多数人没有达到目标,原因就在于不能坚持。百折不挠的毅力,才是成功人生的必备条件。

坚持不懈不是要你永远守着一件事不放,而是要全力以赴做好眼前的事——先求耕耘,再问收获;渴求知识和进步,不辞辛劳争取新客户;提早起床,随时寻求提高效率的方法。天才未必就能富有,最聪明的人也不一定幸福,财富不是天上掉下来的。

只有辛勤工作、认真筹划和坚持不懈，才能奏效。

精神病的候诊室里坐满了承受不起一时挫败的人，如果继续尝试、坚定不移，他们还有希望告别痛苦。然而他们却完全放弃了尝试，即使是最轻微的挫折他们也怯于承受，总是担心那会动摇了他们的严格标准。

悲观无能的人通常会自以为是自作聪明。他们经常会满怀歉意地说"噢，这事我办不到"；"这对我太难了"；"我不可能成为这样的人"。他们真正的意思是，那不是我的责任，再说我也不具备那个能力，因此犯不着那么辛苦地竭力奋斗。

相反地，健全而快乐的人洞悉世情、自知甚深。他们了解人非圣贤，孰能无过。他们知道偶然的挫败乃是人之常情。为这样的事过分自责，未免浪费精力，不如把宝贵的精力投注在追求尝试下一次的进攻上。

世界上已经寻获的钻石当中最大最纯的一颗名为"自由者"的钻石，就是一位名叫索拉诺的委内瑞拉人在挑选了999999颗普通石头之后弯腰拾起的"鹅卵石"。

我们多数人常犯的毛病，就是不肯再试几次。其实，只要你坚定意志，再尝试几次，成功就会出现。

>>> 坚持下来的，终会是赢家

香港商业大亨霍英东说过："做任何生意，都有一半机遇和一半风险。你要凭判断和胆量去抓住机会，剩下的风险则要靠自己扛下来。只要能够顶过难关，前面就会是海阔天空。"

成功之路从来不是一帆风顺的，而是充满了坎坷和困难，只有能够坚持下来的才是赢家。在人生的战场上，取胜的砝码全在于每个人能否咬紧牙关坚持下去，只有永不放弃，你才能摆脱困境，迎来希望。

1991年，王文良从50多名竞聘者中脱颖而出，成为台湾顶新集团的一名推销员。他的任务是去北京各大餐馆推销食用油，上班的第一天，王文良选择了从西单到菜市口的线路一家家上门推销，然后一次次遭受餐馆老板的拒绝和白眼。直到第33家餐馆，王文良才推销出第一瓶油。对于那段推销的经历，王文良始终记忆犹新："我有过多次被人拒绝的失败记录，但是我始终没放弃。成功对于其他行业，只是在别人不去努力时你继续努力一把，但是对于我们搞销售的，要在别人不愿意起床时，你早早爬起来用十倍百倍的努力不停地跟人打交道，坚持做下去！你要与那些在智力和学历上不如你的人，站在同一条起跑线上。你没有优势但你必须取胜，因为到发奖金的时候，别人拿三五千，而你这个北大毕业生不能只拿了600块钱！"没过多久，王文良的销售业绩名列前茅，在进入顶新集团9个月后，他就被正式升为销售科长。正是永不放弃的做法，帮助王文良克服了大量困难，得以成立自己的营销顾问公司。

困境就像一块磨刀石，砥砺出成大事者的意志。做生意可不是容易的事儿，没有准确的判断和坚定的信念，你就很难达成所愿，这就像行军打仗一样，即使受损失、攻关受挫，你也不能灰心丧气、萌生撤退的念头。

成功说到底还是要靠自己！无论时代如何浮躁，成功者始终清楚自己该干什么，明确想要追求的东西，对自己的事业有预期，懂得如何用心去坚持。即使面对近乎绝望的困境，也会以常人难以想象的坚忍，换来最后的功成名就。比如台湾的"经营之神"王永庆，在最早开米店的时候，由于沙子太多，几乎一粒一粒地将米沙分开，打出了"我的米没有沙子"的招牌——这正是他发迹的开始。

在事业发展的过程中，无论客观条件如何变化，我们都应当坚守自己的奋斗目标和发展方向，不陷入误区，少走一些弯路，唯有这样你才能做出成绩、战胜难关。成功的道路其实是简单的——做好自己的事业，并且全力以赴。

>>> 再坚持一下,成功就在你的脚下

坚持一下,成功就在你的脚下。一个人想干成任何大事,都要能够坚持下去,坚持下去才能取得成功。说起来,一个人克服一点困难也许并不难,难的是能够持之以恒地做下去,直到最后成功。

《简·爱》的作者曾意味深长地说:人活着就是为了含辛茹苦。人的一生肯定会有各种各样的压力,于是内心总经受着煎熬,但这才是真实的人生。确实,没有压力就会轻飘飘,没有压力肯定没有作为。选择压力,坚持往前冲,自己就能成就自己。

失败的人不要气馁,成功的人也不要骄傲。成功和失败都不是最终的结果,它只是人生过程的一件事。因此,这个世界上不会有一直成功的人,也没有永远失败的人。在日常生活中,一个绝境就是一次挑战、一次机遇,如果你不是被吓倒,而是奋力一搏,你会因此而创造超越自我的奇迹。

有些年轻人害怕失败,就像畏惧洪水猛兽一般,仿佛一次的失败就要注定一生的失意,在一次的打击之后变得一蹶不振;他们不明白,他们在渴望完美与成功的途中,不幸被困难与挫折挡

在了成功的门外，而为别人做了可怜的垫背。

挫折并不可怕，可怕的是在挫折面前放弃自己的理想。成功的人与失败的人的区别也就在于对待困难与挫折的态度：成功的人把困难当作一次认识自己的机会，从挫折中发现自己的不足，然后调整自己前进的步伐；而失败的人则在困难面前缴械投降，完全丧失斗志，最终流落于平庸。

所以利剑是在烈火的焚烧与铁锤的锻炼下才锋利无比，伟大的人才是在困难与挫折中奋争出来的，应该感谢这些与我们生活、成长形影不离的困难与挫折，是它们锻造了我们坚韧的性格、顽强的毅力、不屈的精神、向上的动力，才使我们有机会成为卓越的栋梁之才。

>>> 坚持到山穷水尽，迎来柳暗花明

在一家彩电零部件生产厂的员工培训课上，企业老总给大家讲了一个真实的故事："大家都知道，咱们厂主要生产的是彩电显像管。几年前，同行业之间的竞争很激烈，我们的产品当时大量积压。为了打开销路、减少库存，企业内部上上下下都是费尽心思想办法，但是效果都不明显。后来，有一个年轻人跑过来给我献策说：'现在显像管价格已经降到最低点，咱们不妨暂停生产，把原材料成本和生产成本的一半，用来购进同类产品。只要这个行业还存在，必然有一天这类产品的价格，会升到正常水平。'年轻人的话，如同电光火石一般让我大受启发。以前，我想到的只是如何寻找销路，现在反过来看，这个'回马枪'还真是唯一的出路。于是，我们用一半的生产资金收购了一大批同类产品，用另一半资金维持生产，半年之后显像管的价格果然大幅度上涨，远远超出了原来的价格水平，企业从中不仅收回了资金，还获取了大量利润。那个想出好点子的员工，我们一次性奖励他5万元！"

换言之，当一个问题严重到似乎毫无办法的时候，答案其实

就已经近在咫尺了。山穷水尽时，不妨换个角度想想，也许你就能豁然开朗。有一个商界名人说过："无论如何不要绝望，因为在穷途末路之际，总会有一股幸运的力量出现。如果你绝望了、放弃了，再大的希望都会从手中滑落。"

容易绝望的人，注定会离失败很近。在央视举办的创业竞赛《赢在中国》节目中，一位入围全国500强的选手，由于创业失败在个人网站上留下这样一句话："我的人生火焰即将在今夜的黎明前熄灭。在交了10元钱上网费以后，钱包里只剩下9元钱，我想在黎明之前，用它作为自己最后的晚餐。"之后，这位选手就失去了联系。

通过这名选手的网站，人们知道了他在上海和新疆先后创业失败的故事。他曾经参与过三次创业：第一次，因为公司债台高筑、宣告破产；第二次，由于他负责的工地上发生意外事故（一名工人触电身亡）而偃旗息鼓；第三次，也是由于各种客观因素，没有坚持到底，中途选择放弃。

对于此事，《赢在中国》节目组的制片人说："这个选手所经历的，并非是不可克服的困难。每个人在创业路上，都会遇到种种意想不到的困境，轻易就认定败局的人，只能离成功很远。"

作为阿里巴巴总裁，同时也是该节目评委之一的马云，则态度更鲜明地表示："不经历失败就不是创业。绝大部分创业者一定会碰到失败和危机，自己的困难只有靠自己解决，所以他应该想，我今天的运气是不好，但比我倒霉的人还是多得很！总是放弃，不相信自己，你永远都不可能创业成功！"

是的，我们都应该认真想想这些话。天大的危机自有解决的办法，当你因为一点点麻烦事想不开的时候，也许真应该坚持一下，说不定好运真的就会出现呢。

当事业发展面临生死攸关的危急时刻，很多人都会手足无措，不知如何是好。事实上，这个时候正是考验一个人应变力的时候。关键时刻的行动，既能令你功败垂成，也可以使你化险为夷，顺利地解决危机。

有时候，眼前的绝境并不是无可挽救的，继续哀鸣或者怨天尤人都不是办法，后退放弃则无疑是自认失败。只有乐观地面对、冷静地想办法，你才有可能转危为安，反败为胜。

>>> 失败了,不怕从头再来

常言道:"失败是成功之母。"这似乎已成老生常谈,但行动和言语有时是不一致的。当你的成绩单上出现"红灯",或是在工作中遇到困难时,你的心中是否除了沮丧,别的一无所有?你是否意识到这失败之中孕育着成功的种子呢!失败了不要紧,重要的是看你有没有一切归零,从头再来的勇气;这是很多人都缺乏的,却是人生中必不可少的铺路石。

古代神话《山海经·海内经》中说鲧偷了天帝的息壤(可以生长的土)来挡洪水,没有成功。天帝命祝融杀死了鲧,但他虽死犹生。《归藏·启筮》云:"鲧死三岁不腐,剖之以吴刀,是以出禹。"这几句话是说"禹是从鲧肚子里生出来的。他的父亲死后三年尸体不腐烂,最终生出了儿子禹。"这正说明了这个失败的英雄壮志未酬,精神不灭,他把不屈的奋斗精神传给了下一代——禹。而禹就是在总结上一代经验教训的基础上经过艰苦不屈的奋斗,用疏导的方法制服了洪水,获得了成功。

失败,人人都会经历。失败,其实并不可怕,失败,是走向成功的第一步。

综观历史,那些出类拔萃的伟人之所以会取得成功,正是因为他们能正确对待失败,从失败中获取教益,从而踢开失败这块绊脚石,踏上了成功的大道。伟大的发明家爱迪生,一生的成功不计其数,一生的失败更是不计其数。他曾为一项发明经历了8000次失败的实验,他却并不以为这是个浪费,而是说:"我为什么要沮丧呢?这8000次失败至少使我明白了这8000个实验是行不通的。"这就是爱迪生对待失败的态度。他每每从失败中吸取教训,总结经验,从而取得一项项建立在无数次失败基础之上的发明成果。失败固然会给人带来痛苦,但也能使人有所收获;它既向我们指出工作中的错误缺点,又启发我们逐步走向成功。失败既是针对成功的否定,又是成功的基础,也就是说:"失败是成功之母。"

然而,在现实中成功并不是失败的积累,而是对失败的总结与超越。如不认识这一点,就会导致"失败越多越成功"的荒谬结论。比如数学上有名的平行公理,从它问世以来,一直遭到人们的怀疑。几千年来,无数数学家致力于求证平行公理,但却都失败了。数学家波里埃终身从事平行公理的证明却毫无成就,最终在绝望中痛苦地死去。正当这个问题像无底洞一般吞噬着人们的智慧而不给予任何回报时,罗巴切夫斯基在经过七年求证而毫无结果时,找出了失败的原因。罗巴切夫斯基在屡次失败之后,总结分析了失败的前因后果,从本质上认识了这一问题,从而取得了成功。由此可见，"失败是成功之母"是一条客观规律，但真要把失败向成功转化由可能变为现实，还必须经过不断地探索和科学的分析，从失败中吸取教训，指导今后的工作，这样才算没有"白白"地失败。

年轻人在工作中容易失败，也容易灰心。因此，我们只有牢记"失败是成功之母"这一名言，树立起坚定的自信心，才能从失望中看见希望，从失败走向成功。

>>> 路，是给不服输的人准备的

轻易认输的人，不会在人生的路上走得太远。路，总是给不服输的人准备的。

有一个年轻人，他也是出生在一个农村的普通家庭，也曾遭遇了各种各样的挫折，但是他却成为了很多人崇拜的偶像，完成了一个从"烂仔"到"影帝"的美丽童话。

就拿他的歌唱事业为例，二十几岁的时候，他录制了首张专辑。但首张专辑的面世，却让他遭到了一片抨击的口水：声线平平，嗓音条件差，唱腔如白开水，寡淡无味，走调走得离谱，模仿别人，抢别人的饭碗……

各种各样的说法，把满怀憧憬的他浇了个透心凉。难道我真的一点也不行？他有点坐不住了。

当时，许多好心人都劝他别再唱了，还是一心拍电影，钱来得快，还得了名声。假如你以为他会打退堂鼓，那就完全错了，他属牛，从骨髓里就有一股子犟劲，越是看来不行的事，他越要尝试。这种初生牛犊不畏虎的性格，注定了他又要为唱歌折腾。他认真查找自己声线上的缺点，细心观察歌坛大腕们的演唱技巧，动脑筋、细琢磨，决心从自己并无特色的嗓音中找出"特色"，最后终于形成以情带声、温柔而不失男性感染力的演唱特色。

1990年，他凭《可不可以》勇夺"最受欢迎歌曲奖"和港、台两地"最受欢迎男歌手奖"。得到这两个重要的奖项，证明了他在歌坛不断探索、尝试后的成功，同时也证明了他通过自己的努力，已经成为港台流行乐坛的核心歌手之一。他就是香港演艺界巨星刘德华。

刘德华从骨子里就不服输，他总是能够把自己的心态调试到最佳状态。这就注定他当年跟自己掰手腕的举动会有一个好的结果。结果是，他用一种不屈不挠的精神战胜了自己。很多经验告诉我们，只有战胜自己，才能走向成功。

1988年至今，刘德华于世界各地所获奖项及荣誉已超过300项之多，其数目之多，被列入吉尼斯世界纪录大全，成为演艺史上的一项世界纪录。是什么成就了今天的刘德华，是他的阳光与潇洒的气度、敬业与奋斗的精神、无私与仁善的品德等诸多元素，成就了他的今天。尤其是他的敬业与奋斗的精神，也就是"刘德华精神"。

面对听众的批评，面对权威的否定，刘德华有经得起打击的承受能力。刘德华以顽强的毅力坚持下来了，一直坚持了二十多年，他的坚持，使歌坛上升起了一颗不"老"的巨星。毅力使他越挫越勇,"毅力"成就了他的"人生"。

刘德华凭着一股不服输的精神,成就了自己今天的人生辉煌!

现实虽然残酷,但我们绝不能轻易服输。只要我们保持不服输的精神,我们就一定能冲过人生的一个又一个关口,登上人生的顶峰。

>>> 梦想的路踏上了，跪着也要走完

在实现梦想的路上，大部分人都不会一帆风顺，难免会遭受挫折和不幸。其实失败并不可怕，可怕的是在失败之后没有再爬起来的决心。

成功者和失败者非常重要的一个区别就是，失败者是摔了个跟头以后，就害怕再摔，所以就没有勇气爬起来；而成功者则会爬起来继续往前走，因为他们懂得哪怕多走一步，也是距离成功更近了。

美国著名电台广播员莎莉·拉菲尔在她30年的职业生涯中，曾经被辞退18次，可是她每次都放眼最高处，确立更远大的目标，仍然坚持走自己选择的路。

最初由于美国大部分的无线电台认为女性不能吸引观众，因此，没有一家电台愿意雇用她。她好不容易在纽约的一家电台谋求到一份差事，不久又遭辞退，说她跟不上时代。

莎莉并没有因此而灰心丧气。她总结了失败的教训之后，又向国家广播公司电台推销她的谈话节目构想。电台勉强答应了，但提出要她先在政治台主持节目。"我对政治所知不多，恐怕很

难成功。"她也一度犹豫，但坚定的信心促使她大胆去尝试。她对广播早已轻车熟路了，于是她利用自己的长处和平易近人的作风，大谈即将到来的7月4日国庆节对她自己有何种意义，还请观众打电话来畅谈他们的感受。

听众立刻对这个节目产生兴趣，她也因此而一举成名了。

如今，莎莉·拉菲尔已经成为自办电视节目的主持人，曾两度获得重要的主持人奖项。她说："我被人辞退18次，本来会被这些厄运吓退，做不成我想做的事情。结果相反，我让它们鞭策我勇往直前。"

她是一个坚持走自己的路的人，她没有因为被辞退18次就怀疑自己的选择，反而更加激发了她证明自己的勇气，在经过了那些失败之后，她有机会开始尝试，进而做到最好，成了著名的节目主持人。

选择一条路很容易，但是要坚持在这条路上走到最后，就不是一件容易的事了，如果你向目的地迈出了999步，却没有坚持着迈出最后一步，那么你依然是失败的。目的地只有一个，再近的点也不是终点，那些在距离终点很近的地方停下了脚步的人是多么可悲啊！

坚定地走自己的路，就要耐得住孤独，耐得住寂寞，耐得住打击，耐得住折磨，这是一种在任何情况下都不放弃的态度，是一股不达目的决不罢休的韧劲。

想要炫出自己的精彩人生，就要有这种态度，就要有这股韧劲。

梦想的路一旦踏上了，跪着也要将它走完！要知道，命运只垂青奔跑到最后的人。